지질학, 생태학, 생물학으로 본

지구의 역사

세용출판

지질학, 생태학, 생물학으로 본
지구의 역사

초판 1쇄 펴낸날 | 2009년 1월 10일
초판 3쇄 펴낸날 | 2021년 9월 15일

지은이 | 유리 카스텔프란치/니코 피트렐리

옮긴이 | 박영민
펴낸이 | 장승규
편　집 | 이영란
디자인 | 둠벙
제　작 | 유성호
인쇄 | 평화당
제본 | 홍진문화
펴낸 곳 | 도서출판 세용
주소 | 경기도 성남시 분당구 금곡로 263, 508-801
등록 | 2003년 9월 17일 제300-2003-3
전화 | 031)717-6798
팩스 | 031)717-6799
E-mail | seyongbook@naver.com
ISBN | 978-89-93196-02-3 03400

*책값은 뒤표지에 있습니다.
*파본은 바꾸어 드립니다.

Original Title : La Grande Storia della Terra
© 2002 by DoGi SpA-Italia
© 2007 by VoLo publisher srl-Italia
KOREAN language edition 2009 by Seyong Publishing Co.
KOREAN translation right arranged with Usborne Publishing Ltd. UK and
EntersKorea Co.,Ltd.,Seoul,Korea.

이 책의 한국어판 저작권은 (주) 엔터스코리아(EntersKorea Co.Ltd)를 통한 저작권사와의
독점 계약으로 도서출판 세용이 소유합니다. 신 저작권법에 의하여 한국 내에서 보호를 받는 저작물이므로 무단전재와 무단복제를 금합니다.

지질학, 생태학, 생물학으로 본

지구의 역사

History of the Earth

글 | 유리 카스텔프란치 · 니코 피트렐리
삽화 | 지안 파올로 팔레치니 · 레오나르도 메치니
옮긴이 | 박영민

세용출판

목차 | Contents

8 제1장 젊은 지구
- 10 원시 먼지
- 13 철핵
- 16 대기와 바다의 형성
- 19 생명의 탄생
- 21 저녁엔 뭘 먹지?
- 22 산소, 필수적인가 치명적인가?

26 제2장 생명체의 폭발적인 증가
- 28 진화의 두 원동력, 우연과 필요
- 30 뭉쳐야 산다
- 30 유성 생식의 장점
- 33 캄브리아기의 폭발
- 37 척추동물의 탄생
- 39 육지로 이동
- 40 턱에 일어난 큰 변화
- 42 양서류와 숲
- 45 페름기
- 47 페름기의 대재앙

50 제3장 공룡의 시대
- 53 재앙이 지난 뒤의 생명체
- 54 파충류에서 포유류로
- 58 '무서운 도마뱀' 공룡의 등장
- 62 주요한 발생 : 깃털과 꽃
- 67 백악기의 주요 혁신
- 70 죽어가는 거대 동물

72 제4장 포유류의 승리
- 75 신생대 포유류의 발달
- 77 부모의 보살핌과 번식 전략
- 78 땅과 바다에서는
- 81 최초의 영장류부터 인류까지
- 90 호모 사피엔스가 이룩한 성과

92 제5장 인간과 지구
- 94 수많은 서식지에 사는 동물
- 96 도시 생활
- 99 환경
- 116 미래를 바라보며

HISTORY OF THE EARTH

주제별 차례 | Themetic table of contents |

생명의 역사

18	최초의 생명체
20	DNA, RNA, 단백질, 유전자 서열
22	독립영양생물과 종속영양생물
24	오늘날의 세포
28	진화
34	캄브리아기의 바다에서 일어난 변화
36	원시 해양
40	어류의 시대
42	최초의 관다발 식물
44	최초의 육상 척추동물
46	석탄기의 숲
52	파충류
54	수궁류
56	공룡
58	공룡의 새끼 돌보기
60	주요 공룡 유적지
62	익룡과 어룡
64	공룡의 사냥
66	꽃식물의 등장과 개화
68	공룡의 멸종
70	조류
74	포유류와 적응 방산
76	완벽하게 보존된 생태계, 메셀 화석 유적
78	육식동물과 초식동물
80	초기의 영장류
82	사람 속(屬)
84	아프리카를 벗어나다
88	호모 사피엔스의 무기
90	농업의 발달

생태 환경

94	생물권과 생물의 다양성
96	생물권의 순환
98	주요 자연 환경
100	극지방
102	지구 북부의 삼림지대
104	지중해성 환경
106	사바나와 초원
108	열대림
110	섬
114	화재
118	마지막 주요 멸종
120	다음 세대를 위한 지속적인 관리

지질 및 기후

10	지구의 구조와 지각
12	암석의 형성
14	원시 지구의 모습
16	화산과 분화
30	지각판의 움직임
32	강, 호수, 산
38	화석의 형성과 연대 측정
48	석유와 석탄의 기원
86	빙하기
112	지진
116	기후 변화

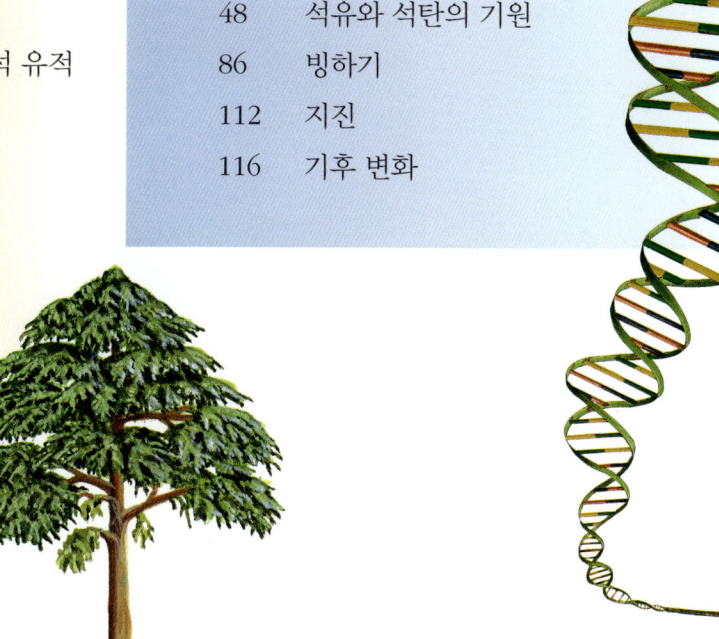

이 책의 구성 | How to read this book |

각 장의 제목
다섯 장으로 이루어진 이 책의 각 장은 두 페이지에 걸쳐 펼쳐진 내용으로 시작한다. 왼쪽 면 위쪽에 있는 본문은 해당 장 전체 본문 내용에 대한 소개이다.

그림
삽화와 삽화 설명은 특히 각 장의 주제를 이해하는 데 유용한 정보를 제공해 준다.

연대표
양 페이지에 걸쳐 있는 본문의 개요에는 지구의 역사 과정에서 발생한 지질학 및 생물학 분야의 주요 사건을 요약해서 보여 주는 연대표가 함께 제시되어 있다.

색깔별 내용 안내
색깔별로 내용을 구별해 양 페이지에서 다루고 있는 주된 주제가 무엇인지 한눈에 알 수 있다. 빨간색은 생명의 역사, 녹색은 생태 환경, 파란색은 지질 및 기후와 관련된 내용을 가리킨다.

연속적인 본문
시초에서 현재에 이르는 지구의 역사와 생명체의 진화에 대한 설명이 페이지를 넘겨 가며 계속 이어진다.

지식의 최전선
아직도 풀리지 않은 의문이나 새로운 이론, 최근에 발견된 사항, 과학계에서 논의되고 있는 시급한 문제 등에 초점을 맞춘 내용이 별도로 제시된다.

과학의 개척자와 과학 이야기
과학 연구에 중요한 공헌을 한 과학자와 위대한 발견에 대한 이야기가 별도로 제시된다.

시공간 여행
장마다 지구의 역사에서 특히 중요한 순간을 생생하게 묘사한 장면과 함께 간단한 본문과 설명을 달아 놓았다.

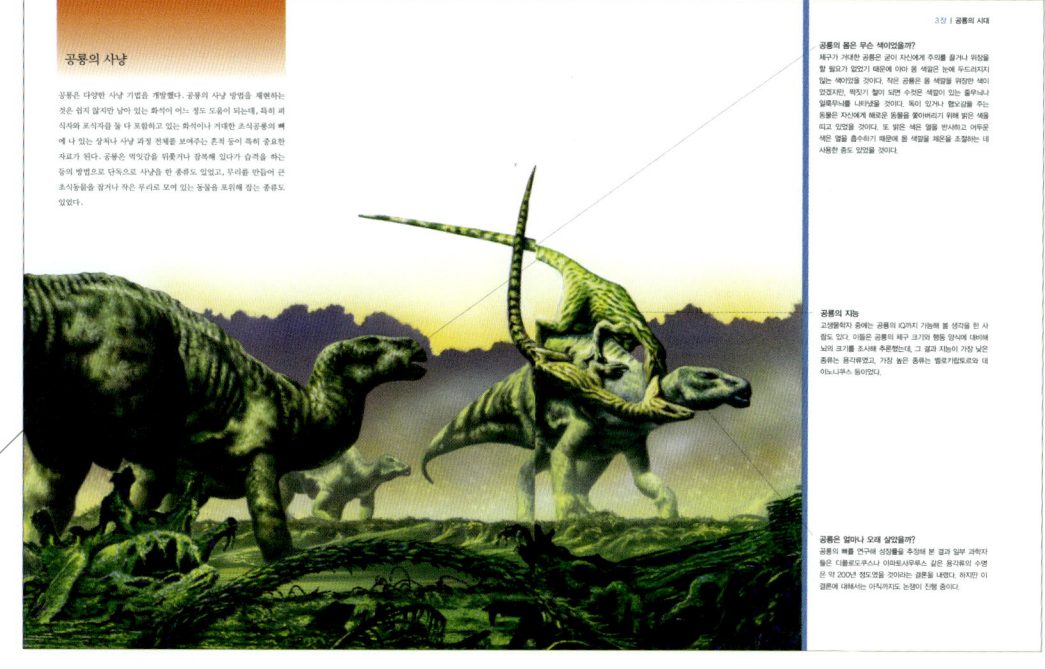

제1장
젊은 지구

태양과 지구를 비롯해 태양계에 속한 모든 행성과 위성의 역사는 약 50억 년 전에 시작되었다. 당시에 별이 폭발하면서 우주 공간에 엄청난 가스 구름과 성간(星間) 먼지가 발생했다. 이 최초의 구름, 즉 성운은 수소(70%), 헬륨(27%), 납과 금 같은 무거운 물질(나머지 3%)로 이루어져 있었다. 이렇게 시작된 최초의 순간부터 현재에 이르는 장구한 시간을 지질학계에서는 누대(累代, eon), 대(代, era), 기(紀, period), 세(世, epoch) 같은 시대 단위로 나눈다.

먼지에서 생명체가 나오기까지
약 50억 년 전에 별이 폭발하면서 충격파가 발생했고, 그 충격파로 인해 가스와 먼지로 이루어진 성운이 응축하면서 태양과 태양 주위를 회전하고 있는 원반형 물질이 형성된 것으로 보인다.

지구와 태양계
지구는 태양으로부터 세 번째 행성으로서, 생명체가 살 수 있는 딱 적합한 거리에 있다. 태양계에 있는 나머지 일곱 개의 행성은 태양으로부터 거리가 너무 가깝거나 멀어서 생명체가 살기에는 적합하지 않다.

뜨거운 천체
약 40억 년 전 지구는 새빨갛게 달아오른 뜨거운 천체였다. 지구는 내부의 중심핵에서 나오는 열로 뜨거워진 상태였고, 혜성과 운석이 끊임없이 날아와 지구에 부딪쳤다.

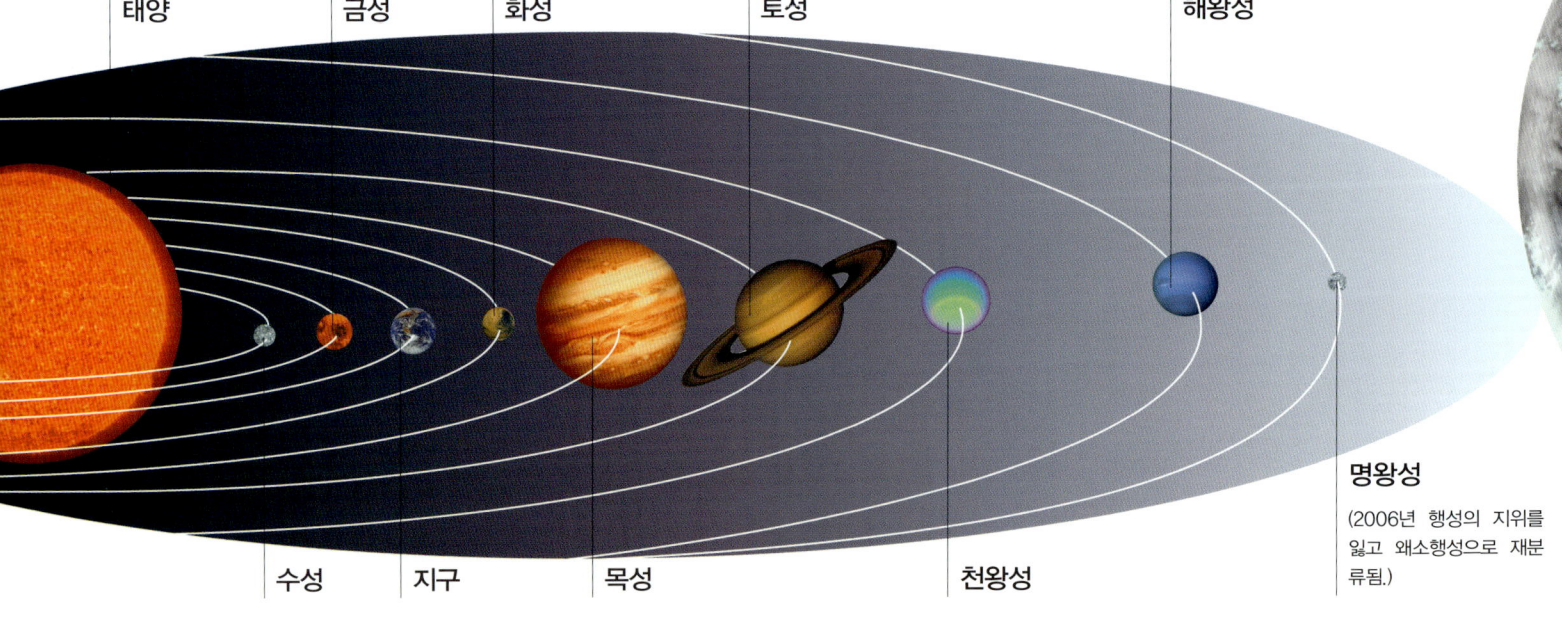

태양 | 금성 | 화성 | 토성 | 해왕성
수성 | 지구 | 목성 | 천왕성

명왕성
(2006년 행성의 지위를 잃고 왜소행성으로 재분류됨.)

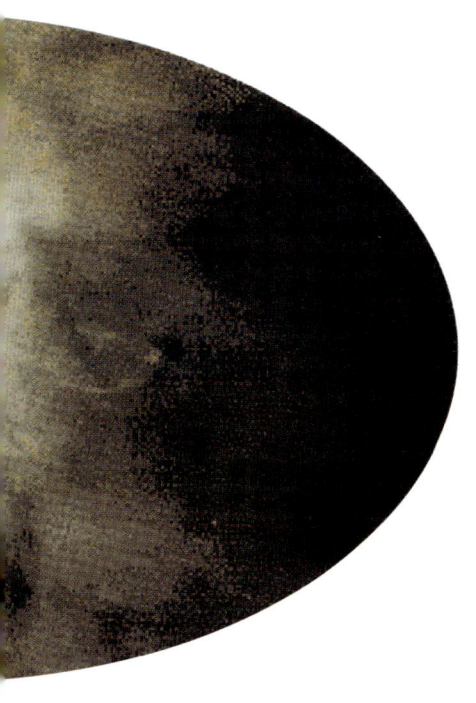

지구의 기원에 관한 의문

과학계에서는 원시 성운에서 지구를 비롯한 여러 행성이 형성되는 데 얼마나 오랜 시간이 걸렸는지에 대해 완전한 의견 일치에 이르지 못하고 있다. 태양계가 형성될 당시 그 모습을 지켜본 사람도 없었을 뿐더러, 현재로서는 다른 행성계에 있는 행성을 관찰하기도 불가능하기 때문이다. 따라서 현재 우리가 지구의 기원에 대해 알고 있는 모든 지식은 태양과 똑같지는 않지만 그와 유사한 여러 별을 관찰해서 얻은 연구 결과에서 유추한 정보이다.

지각의 형성

지구의 중심핵에서 분출되었던 마그마가 40억~38억 년 전에 굳으면서 원시 지각이 형성되었다.

최초의 생명체

바다와 원시 대기가 형성된 이후 지금으로부터 약 39억 년 전 최초의 생명체가 생겨났다.

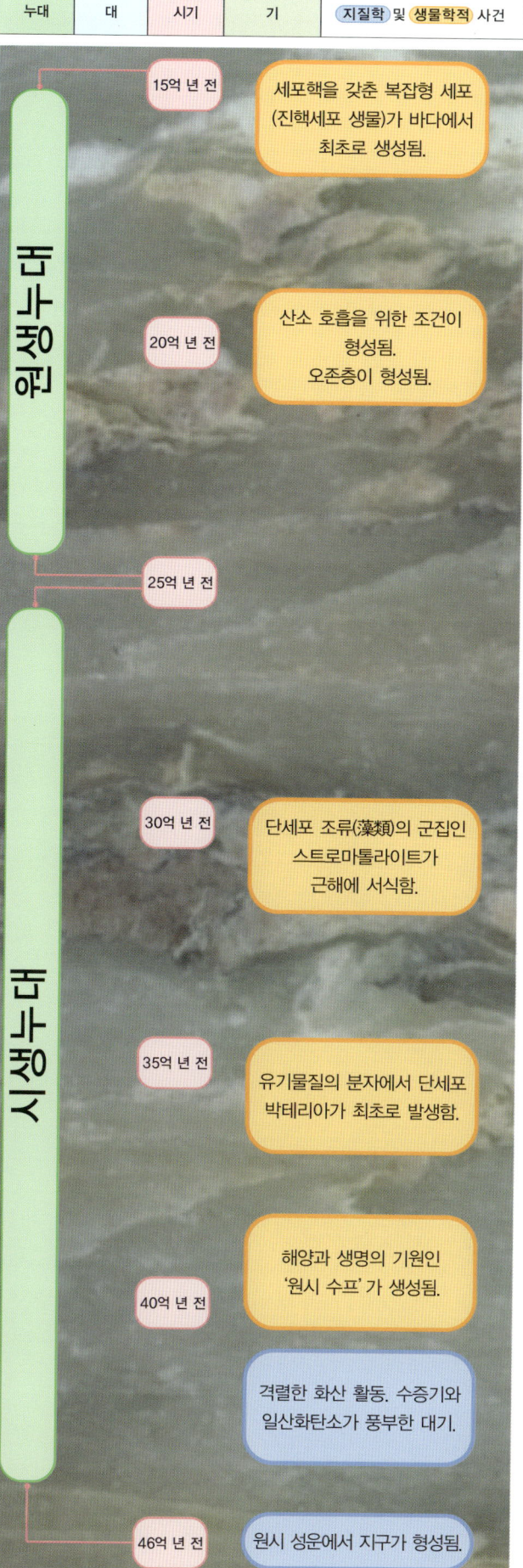

| 누대 | 대 | 시기 | 기 | 지질학 및 생물학적 사건 |

원생누대
- 15억 년 전: 세포핵을 갖춘 복잡형 세포 (진핵세포 생물)가 바다에서 최초로 생성됨.
- 20억 년 전: 산소 호흡을 위한 조건이 형성됨. 오존층이 형성됨.
- 25억 년 전

시생누대
- 30억 년 전: 단세포 조류(藻類)의 군집인 스트로마톨라이트가 근해에 서식함.
- 35억 년 전: 유기물질의 분자에서 단세포 박테리아가 최초로 발생함.
- 40억 년 전: 해양과 생명의 기원인 '원시 수프'가 생성됨.
- 격렬한 화산 활동. 수증기와 일산화탄소가 풍부한 대기.
- 46억 년 전: 원시 성운에서 지구가 형성됨.

지구의 구조와 지각

지구는 오늘날에 이르기까지 오랜 시간 동안 엄청난 변화를 겪었다. 하지만 주로 암석의 연구를 통해 지구의 현재 모습뿐만 아니라 초기의 상태에 대해서도 많은 것을 추측할 수 있게 되었다. 지구의 구조를 구성하는 주요 층은 핵, 맨틀, 지각이다. 이 세 층의 화학적, 물리적 차이는 여러 간접적인 증거에 의존해 알아낼 수밖에 없다. 지구의 구조에 대한 가장 중요한 정보는 지진이 발생할 때 나타나는 지진파의 움직임을 연구해서 얻는다. 즉, 지진파는 지구 내부를 통과하면서 속도가 변화하는데, 그 속도가 어떻게 바뀌는가를 연구해 지진파가 이동 중에 부딪치게 되는 물질의 성질을 알아내는 것이다.

지각

지구의 지각은 단단한 암석으로 이루어져 있다. 지각에는 두 종류가 있는데, 하나는 대륙 지각으로서 대륙을 형성하며 지구 표면에서 내부로 30~40km에 걸쳐 있다. 다른 하나는 해양 지각으로 두께는 5~6km 정도이다. 이 두 층은 '연약권'이라고 하는 맨틀의 최상부층과 더불어 '암석권'을 이룬다.

해양

대륙 지각

지식의 최전선

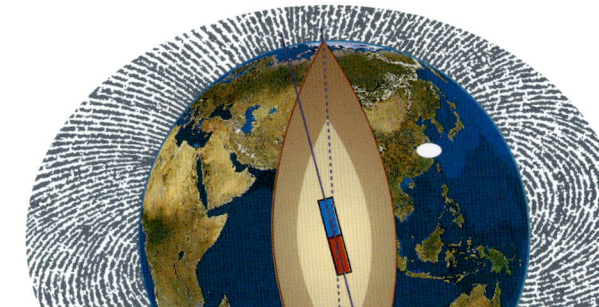

남극과 북극의 반전

지구 내부의 중심부에서는 직류 전류로 인해 막대한 양의 철이 자성을 띠게 된다. 그 결과 지구 전체가 하나의 거대한 자석 같은 움직임을 보이는데, 지구의 양 극은 지난 3백만 년 동안 여러 차례 거꾸로 뒤집혔다. 왜 이런 현상이 나타나는지에 대해서는 아직도 분명하게 밝혀진 바가 없으며, 마지막 반전이 78만 년 전에 일어났기 때문에 이런 반전이 발생할 경우 어떤 결과가 나타나는지도 알려져 있지 않다.

지구의 역사

원시 먼지

원시 성운을 형성하고 있던 엄청난 양의 물질은 성운 외부의 우주 폭풍으로 인해 수축하기 시작했다. 가스를 함유한 이 물질은 10만~20만 년에 걸쳐 크게 부풀어오른 중심부의 주위를 나선형으로 둘러싸고 있는 원반 형태를 띠게 되었다. 이 원반은 지름이 약 100억km, 두께는 몇 억km에 달했다. 시간이 흐르면서 성운의 핵은 계속 수축하여 밀도와 온도가 높아졌다. 온도와 압력이 계속 증가하자 마침내 수소 핵이 서로 융합해 헬륨 핵이 발생했다. 이 반응 과정에서 엄청난 에너지가 발생해 태양에 말하자면 '불을 붙였다'. 지금도 태양은 그 중심부에서 일어나는 핵 반응으로 인해 빛이 나고 있다. 지구를 비롯한 행성은 태양 주위의 궤도에 머물러 있던 물질 중에서 아직까지 남아 있는 조각이라고 할 수 있다. ▶▶

1장 | 젊은 지구

해양 지각

암석권

연약권

지구의 중심을 향해
지구의 맨틀이나 핵의 시료를 분석해 본 사람은 아무도 없다. 오늘날의 탐사 장비로도 이런 층에는 도달하지 못한다. 지금까지 사람이 가장 깊이 판 구멍은 러시아의 콜라 반도에 있는데 깊이가 13km에 불과하다. 이는 지구 반지름의 500분의 1 정도밖에는 되지 않는 깊이이다.

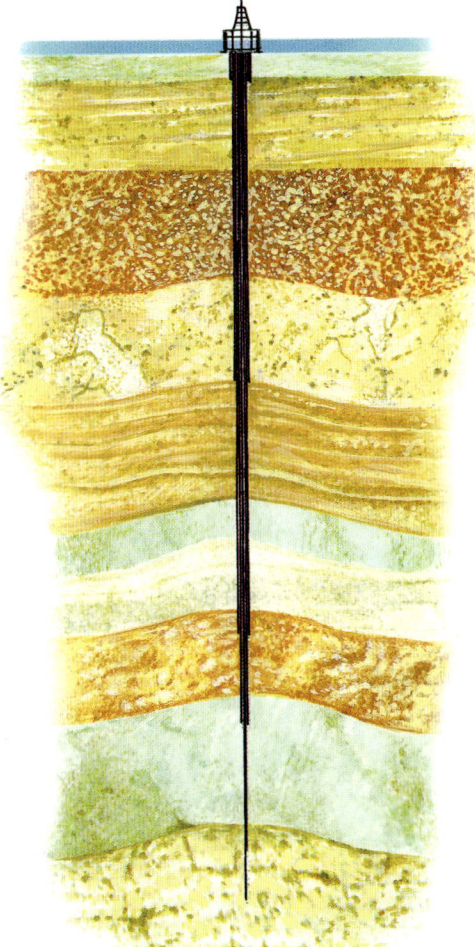

지구의 층
지구의 중심은 내핵과 외핵으로 나뉘어 있으며, 이 둘을 합한 전체 반경은 약 3,500km이다. 내핵은 반경이 1,370km이고 온도는 섭씨 4,000도가 넘지만 엄청난 압력 때문에 고체 상태를 유지하고 있다. 반면 외핵은 액체 상태이다. 맨틀은 표면에서 약 100km 아래에서 시작해 지구 내부로 2,900km 정도에 걸쳐 자리 잡고 있으며, 끊임없이 오르락내리락하며 움직이는 매우 뜨거운 암석으로 이루어져 있다. 지각은 암석층이 지구를 얇게 둘러싸고 있는 부분이다.

- 내핵
- 외핵
- 맨틀
- 암석권과 연약권

11

암석의 형성

암석은 일정하고 고정된 화학 조성을 지닌 천연 물질인 광물이 집적되어 형성된 것이다. 지구의 역사를 재구성하는데 매우 중요한 '기록'인 암석은 지금도 끊임없이 변화하는 과정에 있다. 하지만 그린란드에서 발견된 현존하는 가장 오래된 암석도 불과 40억 년밖에 되지 않은 것이기 때문에 현재의 암석층을 가지고는 지구 초기의 역사에 대해 알아낼 수 있는 사실이 거의 없다.

지식의 최전선

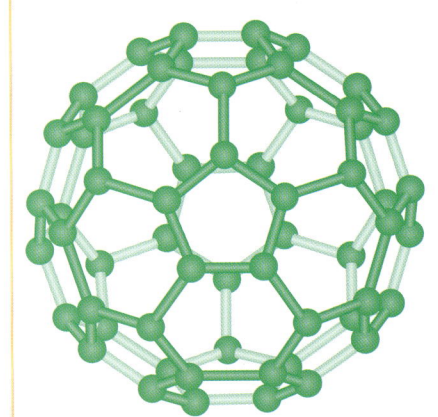

미래의 물질

특정한 온도에서 특정한 압력을 가해 주면 독특하고도 희귀한 결정체를 만들어 낼 수 있다. 그런 결정체 중 하나가 '풀러린'인데, 가장 널리 알려진 형태를 보면 원자 60개로 구성된 축구공을 닮은 분자로 이루어져 있다. 풀러린은 다이아몬드나 흑연과 마찬가지로 탄소의 결정형으로서 1985년에 이르러서야 발견되었지만, 미래의 기술에 중요한 물질이 될 것이 확실하다.

방해석

암석의 순환

암석은 다양한 종류가 있으나 그 종류는 시간이 지남에 따라 변하기도 한다. 예를 들어 화성암이 지표면에 노출되면 비바람으로 인해 침식되면서 부스러지고, 이렇게 부스러진 암석 조각이 시간이 흐르면서 다른 암석 조각과 섞여 퇴적암을 이루기도 한다. 그리고 이 퇴적암이 높은 온도에서 강한 압력을 받게 되면 변성암이 된다. 이 세 종류의 암석은 모두 맨틀 안에서는 액체 상태로 되돌아간다.

염화나트륨

화강암

화강암은 대표적인 관입암(지구 표면의 5~10%를 차지)의 하나다. 화성암 중 지하에 묻혀 있는 것을 관입암이라 하며, 표면에 나와 있는 것은 화산암이라 한다.

응고

침식작용

화성암류

퇴적물

광물의 구조

광물의 원자와 분자는 대개의 경우 '수정'이라고 하는 일정한 형태(정육면체, 각기둥, 팔면체 등)를 이루고 있다. 광물의 원자와 분자는 '결정 그리드'라고 하는 규칙적으로 반복되는 구조로 배열되어 있는데, 결정 그리드는 광물의 종류에 따라 정해진 형태가 바뀌지 않고 그대로 유지된다. 수정의 결정면은 염화나트륨이나 방해석의 경우처럼 수평면과의 관계에 따라 각각 각도가 달라지기도 한다.

지구의 역사

지구는 원시 행성 중 하나로 모든 다른 행성과 마찬가지로 약 46억 년 전에 생겨났다. 지구는 극심할 정도로 격렬한 초기 발생 과정을 거쳤다. 생성된 지 얼마 되지 않던 태양계 내에는 지구가 탄생하던 당시까지도 수많은 파편이 떠다닌 데다가 지구에는 6억 년 이상이나 많은 운석이 날아와 부딪쳤다.

철핵

마그마와 백열 가스가 만들어 놓은 지구의 모습은 40억 년 전까지는 마치 지옥과 같았을 것이다. 운석이 부딪치면서 발생한 엄청난 열이 우라늄 같은 물질에서 나오는 열과 합해지면서 지구의 온도가 점점 더 높아져, 원시 지구 표면의 많은 물질이 녹게 되었다.

먼저 액체가 된 물질의 하나는 철이었다. 녹아내린 철은 작은 구덩이에 모였고, 이런 구덩이들은 곧 서로 합쳐져 큰 덩어리를 이루었다. 이런 덩어리는 주변의 다른 물질보다 무거웠기 때문에 중력의 힘에 이끌려 지구 중심부를 향해 내려가기 시작했다. 몇 천만 년이 흐른 뒤 지금과 비슷한 핵이 만들어졌고, 지구는 확연하게 구분되는 구조로 된 지금과 같은 천체로 변하기 시작했다.

지구의 내부가 다양한 층으로 나뉘는 동안 지구의 표면은 식기 시작했는데 이로 인해 아주 얇은 지각이 형성되었고, 지각에는 자주 폭발하는 활화산이 수없이 나타났다.

편마암
편마암은 변성암의 일종으로서 과립상 구조로 이루어져 있다. 다른 종류의 암석이 높은 온도와 강한 압력을 받으면 변해서 편마암이 된다. 편마암은 주로 건축 자재로 사용된다.

마그마
용융
변성암류
퇴적암류
변성작용
암석화
역암

역암
역암은 퇴적암의 일종으로 기존에 존재했던 다른 암석의 파편으로 이루어져 있다.

과학의 개척자와 과학 이야기

전설 속의 다이아몬드

다이아몬드는 지구로 떨어진 별이라고 하기도 하고, 신의 눈물이라고 불리기도 했다. 고대 그리스에서는 다이아몬드는 하늘에서 곧바로 내려오는 것이며 신의 선물이라고 생각했다. 세계 곳곳에는 순수한 탄소로 이루어진 이 다이아몬드에 관한 전설이 많다. 한 신화에 따르면, 아시아 어느 곳에는 다이아몬드로 가득 찬 계곡이 있었는데, 그곳의 하늘은 맹금류가 지키고 있고 땅에는 독사가 득실거려서 접근할 수 없었다고 한다.

원시 지구의 모습

40억~38억 년 전 지구는 끊임없이 날아와 충돌하는 많은 운석에 시달렸지만, 그래도 운석의 충돌이 가장 심했던 시기는 지난 단계였고 지구도 점점 식어 가던 중이었다. 지구의 지각 표면은 화산에서 분출된 용암이 덮여 단단하게 굳었고 두꺼워졌다. 바다와 큰 호수의 표면은 메탄 분자가 만들어낸 기름 얼룩이 일렁이며 빛났다. 바로 이런 물에서 최초로 생명체가 진화하기 시작했다.

뜨겁게 타오르는 '대기'
해가 질 때면 하늘은 마치 불을 내뿜는 듯 새빨갛게 변했다. 원시 대기에는 먼지는 많았던 반면 산소는 거의 없었기 때문에 그 색깔은 지금보다 강렬했다.

과거를 알려주는 전령
우주에서 날아와 지구의 표면에 부딪치는(현재도 일어나고 있는 현상) 많은 종류의 운석 중에는 약 46억 년 전에 만들어진 그 모습 그대로 거의 변하지 않고 남아 있는 것도 있다. 이런 운석을 연구해 보면 처음에 어떤 물질이 모여 지구가 형성되었는지, 또 태양계가 어떻게 발달했는지에 대해 중요한 사실을 알 수 있다.

화산의 바다
지구의 역사 중 이 단계에는 지구에 엄청나게 많은 화산이 있었다. 당시 지구의 모습을 특징적으로 보여 주는 요소는 수증기와 화산력(火山礫), 지구 깊숙한 곳에서 끊임없이 분출되는 용암 등이었다.

화산과 분화

지구 내부 깊은 곳에 있는 엄청나게 뜨거운 마그마, 즉 용융 상태의 암석은 강한 압력에 의해 밀려 올라와 화산을 통해 표면 밖으로 나온다. 화산은 용암의 분출 방식에 따라 크게 폭발성과 분류성의 두 범주로 나뉜다. 분류성 화산의 용암은 폭발성 화산의 용암보다 더 뜨겁고 유동적이지만 분화가 격렬하게 일어나지는 않는다. 반면 폭발성 화산의 경우 지표면까지 올라오는 마그마는 분류성 화산의 용암보다 덜 뜨겁고 점성이 더 높은데, 그 때문에 이동하기가 상대적으로 쉽지 않고 마치 마개를 닫듯이 분출구를 막는 때가 많다. 이 경우 용암 분출은 지표면으로 통하는 통로가 갑자기 뚫리면서 발생하기 때문에 매우 격렬한 분화가 일어난다.

화도
화도는 용융 상태의 암석과 백열 가스가 모여 있는 마그마 체임버와 외부를 이어주는 암석권에 깊게 나 있는 구멍을 말한다.

간헐천
간헐천에서는 물기둥과 증기가 뿜어져 나온다. 간헐천은 화산처럼 마그마 활동의 표시가 된다.

측면 화도

화산 구조
화산 구조는 오랜 시간에 걸쳐 분출한 암석과 용암, 화산재가 쌓여 생성된다.

마그마 체임버
맨틀에서 올라온 마그마가 모이는 저장소다. 지구 표면에서 불과 10km 아래에 위치해 있다.

지구의 역사

대기와 바다의 형성

화산은 지구 내부에서 들끓던 가스가 표면으로 나갈 수 있는 길을 만들어 주었다. 화산을 통해 지구 내부에서 분출된 가스는 우주에서 날아온 운석에 포함되어 있던 가스와 섞여 원시 대기를 형성했다. 원시 대기는 주로 암모니아, 메탄, 물, 이산화탄소로 이루어져 있었고 산소는 거의 없었다. 그래서 현재 태양 복사 에너지로부터 지구를 지켜주고 있는 오존층(오존은 산소 원자 3개로 구성된 분자로 이루어진 가스)은 그 당시까지도 생성되지 않았다. 그 결과 지구의 표면은 자외선의 공격을 그대로 받아서 당시 지구상에 생명체가 있었다 하더라도 모두 죽고 말았을 것이다.

어느 단계가 되자 원시 대기를 형성하고 있던 여러 가지 물질이 응축하기 시작하면서 구름이 생겨났다. 바다는 40억~38억 년 전에 처음 생겨났는데 몇백만 년 동안 내린 비가 모여 만들어졌다. 그리고 화산 폭발과 폭풍이 빈발하고 유황과 암모니아 증기가 자욱한 가운데 지구 어디에선가 아주 특별한 현상이 일어났다. 소량의 액체 몇 방울이 그 동안 액체와 화학 물질이 하지 않던 현상을 보이기 시작한 것이다. 그 현상이란 바로 자체적으로 증식해서 자기와 거의 똑같은 형태로 자신을 복제하기 시작한 것이다. 세포막에 싸여 있던 이 액체 몇 방울이 바로 최초의 생명체였던 것이다. 하지만 이 생명체는 어떻게 태어났고 어떻게 작용했을까? ▶▶

과학의 개척자와 과학 이야기

탐보라 화산의 폭발

1815년 인도네시아에서 발생한 탐보라 화산의 폭발은 역사상 피해 규모가 크기로 손꼽히는 화산 폭발 사건이다. 불과 몇 시간 만에 만 명이 넘는 사람이 사망했고, 화산 폭발로 인한 식량 부족으로 8만 명이 사망했다. 화산재가 하늘을 뒤덮어 전세계에 걸쳐 1년 넘게 기후에 영향을 미쳤다. 영국에서는 평균 기온이 최소 섭씨 2도가 떨어졌으니 1816년이 '여름이 없던 해'로 기억되었던 것도 우연이 아니었다.

대기의 형성

(1) 지구 역사의 초창기에 지각 아래에 있던 가스가 화산을 통해 밖으로 분출했다. (2) 구름이 형성되고 비가 내리기 시작했다. (3) 비와 운석에 함유되어 있던 수분, 지구에 갇혀 있던 수증기, 화산에서 방출된 수증기 등이 합해져 원시 해양이 생기게 되었다.

(1)

(2)

(3)

드디어 산소가

(4) 원시 대기를 형성한 화산 가스는 몇억 년 동안 계속 남아 있었고 그 뒤 산소가 발생했다. 산소는 수생 생물이 처음 등장하면서 생성되었다.

(4)

지식의 최전선

화산 폭발 예측의 어려움

전문가들은 화산 폭발을 예측하기 위해 주위 암석의 균열과 지진 활동, 가스 방출 등의 현상을 연구한다. 하지만 과학계에서는 아직도 화산 폭발을 정확하게 예측하는 방법을 찾지 못했다. 그래서 화산 주변에 사는 사람들 중에는 화산의 폭발 여부를 예측하기 위해 여전히 과학 외적인 방법에 의존하는 사람들이 많다. 예를 들면 동물, 특히 물고기나 새의 행동을 관찰하는 방법 등인데, 이들은 용암 분출이 임박하면 평소와 달리 심하게 동요하는 모습을 보인다.

최초의 생명체

지구에서 생명체가 처음에 어떤 단계를 거쳐 어떻게 나타났는지에 대해서는 많은 이론이 있지만, 실상 이에 대해 정확히 아는 사람은 아직 아무도 없다. 한 가지 확실한 사실은 약 39억 년 전 원시 지구의 어느 곳에서 단백질과 핵산이 들어 있는 작고 둥근 모양의 화학 구조가 생겨났다는 점이다. 이 화학 구조는 복잡하고 연쇄적인 화학 반응을 통해 상호 작용을 하면서 자신을 복제해 나갔다. 지구상에서 생명은 바로 이렇게 시작되었다.

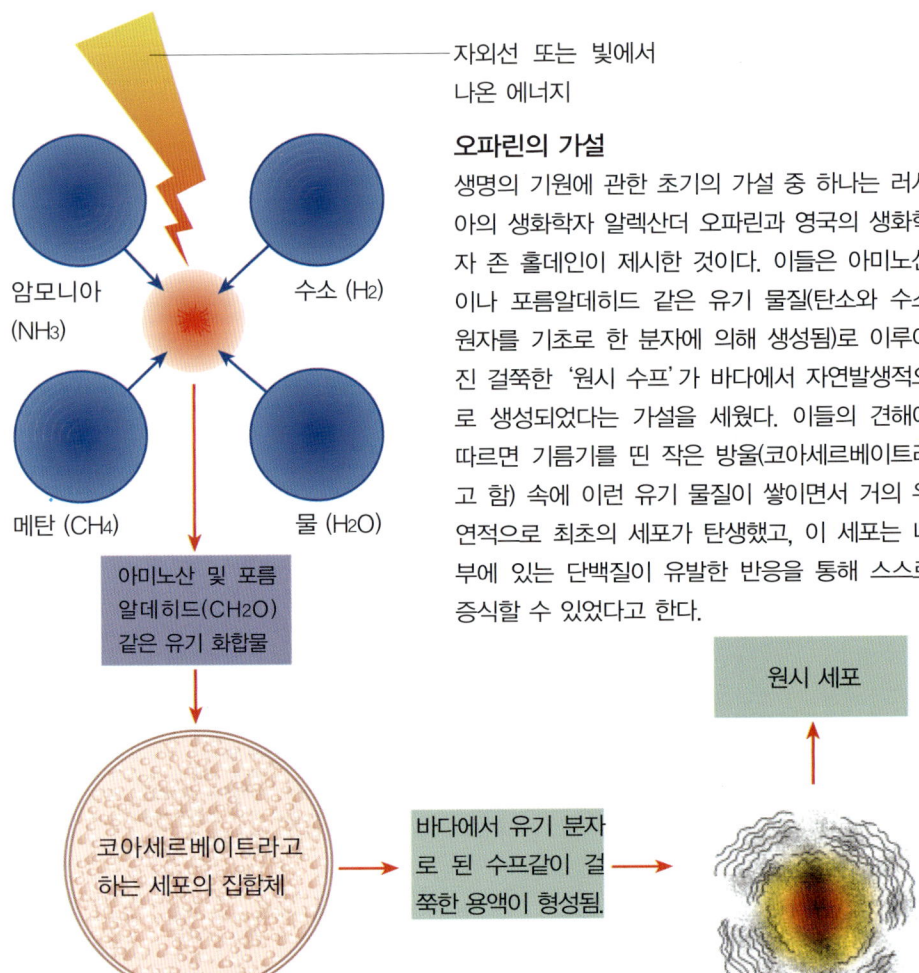

오파린의 가설

생명의 기원에 관한 초기의 가설 중 하나는 러시아의 생화학자 알렉산더 오파린과 영국의 생화학자 존 홀데인이 제시한 것이다. 이들은 아미노산이나 포름알데히드 같은 유기 물질(탄소와 수소 원자를 기초로 한 분자에 의해 생성됨)로 이루어진 걸쭉한 '원시 수프'가 바다에서 자연발생적으로 생성되었다는 가설을 세웠다. 이들의 견해에 따르면 기름기를 띤 작은 방울(코아세르베이트라고 함) 속에 이런 유기 물질이 쌓이면서 거의 우연적으로 최초의 세포가 탄생했고, 이 세포는 내부에 있는 단백질이 유발한 반응을 통해 스스로 증식할 수 있었다고 한다.

지식의 최전선

밀러의 실험

생화학자 스탠리 밀러는 1953년에 플라스크에 원시 지구의 대기를 형성했다고 추정되는 각종 가스를 넣은 다음 큰 불꽃(번개의 섬광과 유사한)을 일으켰다. 그는 며칠 후 플라스크 안에서 갈색 액체를 발견했다. 그 액체에는 단백질의 기본적 구성 요소인 아미노산이 함유되어 있어 과학계를 놀라게 했다. 현재는 원시 지구의 대기가 밀러가 생각한 대로 구성되어 있지 않았다는 것이 알려졌지만, 산소가 없는 대기에서 무기 물질에서 유기 분자가 자연적으로 발생할 수 있다는 점은 여전히 사실로 남아 있다.

외계 생명체 유입설

천체물리학자인 고 프레드 호일을 비롯한 일부 사람들은 생명체가 지구에서 만들어진 것이 아니라 유기 분자와 따뜻한 가스가 풍부한 우주의 어느 지역에서 생겨났고, 그 생명체가 혜성이나 운석에 의해 지구로 오게 되었다고 본다. DNA의 구조를 발견해 노벨상을 받은 생물학자 프란시스 크릭은 심지어 태초의 미생물은 외계의 다른 문명이 우주에 생명을 퍼뜨리는 과정에서 우주선을 통해 지구에 보냈을지도 모른다고까지 주장하기도 했다.

RNA의 세계

노벨 화학상을 받은 톰 체크는 RNA 분자를 발견했는데, RNA 분자는 살아 있는 모든 세포에 들어 있으며 특정한 조건 하에서는 특정한 효소와 함께 자신을 복제할 수 있다. 그래서 일부 전문가들은 복제 능력이 있었던 다양한 RNA 분자가 바로 모든 생명체의 조상이 아닐까 하는 가정을 하기도 한다. 몇백만 년이 지난 뒤 RNA 복사본은 단백질 복합체와의 접촉을 통해 처음으로 완전하게 살아 있는 세포를 만들어 냈는데, 이 세포 각각에는 자체적으로 복제를 했던 RNA 분자가 하나씩 들어 있었다.

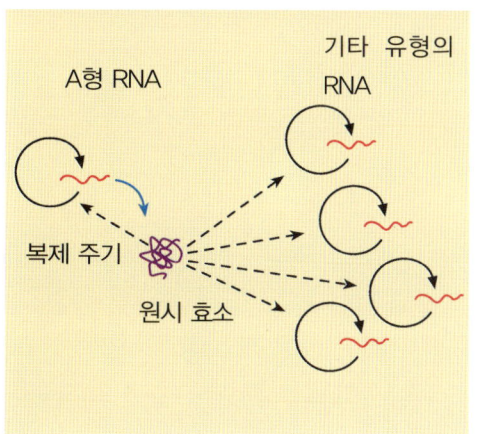

여러 유형의 RNA는 일정한 효소를 만나면 자체적으로 증식해 주어진 환경에서 퍼져 나간다.

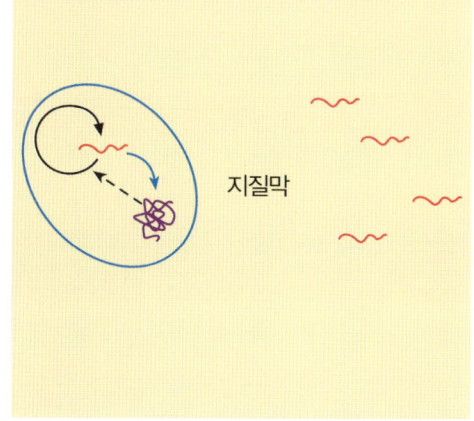

단일한 유형의 RNA는 외부 환경으로부터 보호를 받고 있는 상태에서는 세포막 안에서 스스로 증식할 수 있고, 여기서 자체적인 유전 구조를 갖춘 원시 세포가 생겨난다.

지구의 역사

생명의 탄생

지금은 각 생명체의 기본적인 작용 원리에 대해 많은 점이 알려져 있다. 모든 유기체는 하나 이상의 세포로 이루어져 있고, 그 세포는 각각 모양과 크기가 다르지만 모두 증식할 수 있는 능력이 있다. 모든 세포는 단백질과 핵산이라는 물질의 두 가지 주요 종류에 기반을 둔 화학 반응을 통해 기능을 발휘한다.

단백질은 아미노산이라는 몇십만 개나 되는 분자가 사슬처럼 결합한 구조로 되어 있다. 단백질은 유기체에 의해 생성되고 세포의 주요 구성 요소 역할을 하며, 다른 유용한 분자를 수송하는 물질로 사용되는 한편, 호흡이나 음식의 소화, 광합성 등 생존에 필수적인 화학 반응을 조절 및 제어하는 기능도 수행한다. 이와 달리 핵산(DNA와 RNA)은 질소 염기라고 하는 작은 분자가 사슬처럼 길게 이어져 있는 분자다. 디옥시리보핵산(DNA)은 유기체의 '유전 물질'이다. 즉 부모로부터 유전된 모든 특질을 지니고 있고, 유전자라는 조각에 아미노산의 생성과 유기체에 필요한 단백질의 생산에 필요한 정보를 담고 있는 물질이다. ▶▶

DNA, RNA, 단백질, 유전자 서열

초기의 유기체는 어떻게 자기 자신을 똑같이 복제할 수 있었을까? 이는 세포의 기능을 조절하는 방식에 의해 설명이 되는데, 이 방식은 단백질과 핵산이라는 두 가지 기본적인 분자 유형의 특징에 근거하고 있다. 단백질은 세포의 많은 부분을 형성하고 그 기능을 조절하며, 핵산은 단백질의 생산을 지시하고 조절한다.

DNA

세포 안에서 말려 있는 DNA 분자는 0.001밀리미터밖에 되지 않는 크기지만, 질소 염기 30억 개 이상이 서열을 이루고 있는 인간의 세포 하나에 들어 있는 DNA 분자를 모두 풀어 일직선으로 늘어놓는다면, 그 길이는 아마도 몇 미터 정도나 될 것이다. 질소 염기에는 아데닌, 티민, 구아닌, 시토신의 네 종류가 있다. 질소 염기 3개로 이루어진 각 서열마다 단백질 합성에 사용되는 아미노산 20종류 중 유전 암호에 따라 하나를 나타낸다.

단백질

단백질은 아주 긴 아미노산의 사슬이 복잡한 3차원 구조로 꼬여 있다. 이 구조에는 선형 부분과 나선형 부분이 있는데 각각 베타 판과 알파 나선이라고 한다. 단백질의 특성은 대체적으로 이 3차원 구조에 따라 결정된다.

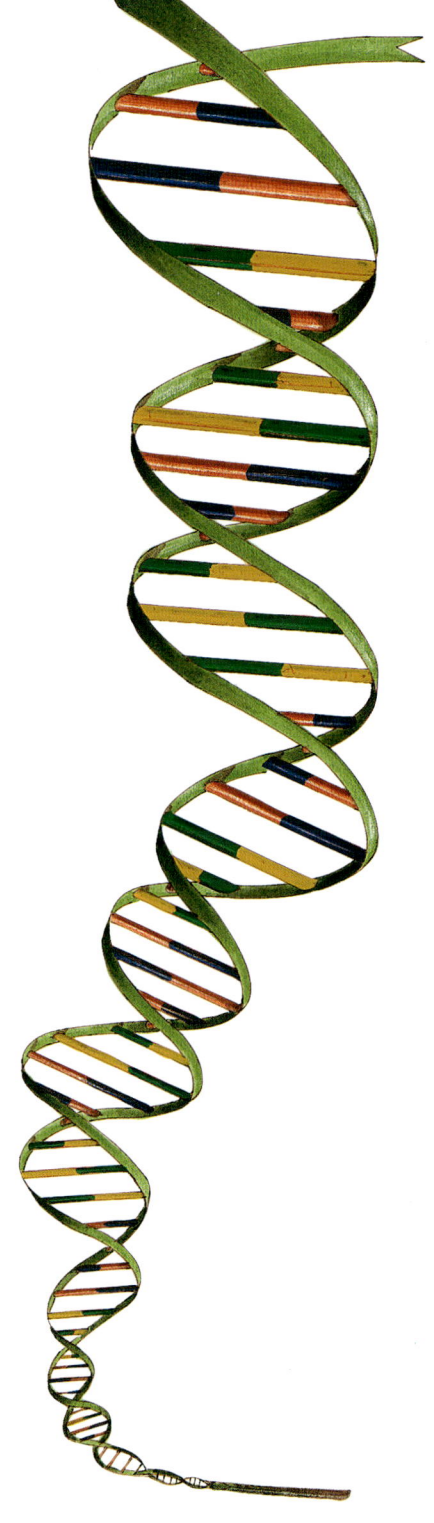

과학의 개척자와 과학 이야기

로잘린드 프랭클린의 공로

제임스 왓슨, 프랜시스 크릭, 모리스 윌킨스는 1953년 DNA의 이중 나선 구조를 구명해 노벨상을 수상했다. 하지만 이 위대한 발견 뒤에는 학문적으로는 탁월했지만 그만큼 불행했던 로잘린드 프랭클린이라는 영국 생물물리학자의 결정적인 공로가 있었다. 프랭클린은 X선 결정학이라는 기법을 이용해 DNA 분자의 구조가 당과 인산의 끈으로 이루어져 있다는 사실을 발견했다. 즉 DNA 분자가 나선형으로 되어 있다는 사실을 맨 먼저 알았던 것이다. 왓슨과 크릭은 프랭클린의 연구 결과를 활용했지만 프랭클린의 공로는 인정하지 않았다. 프랭클린은 1958년 37세의 나이에 암으로 사망했다.

지구의 역사

단백질을 형성하기 위한 명령은 유전 암호에 기록되어 있는데, 유전 암호는 특정 유전자에 대해 질소 염기의 서열과 그에 대응하는 아미노산의 서열로 이루어져 있다. 리보핵산(RNA)은 DNA에 담겨 있는 정보를 복사하고, 이 정보를 사용해 질소 염기의 서열을 아미노산의 서열로 번역한다. 또 핵산은 단백질의 도움을 받아 세포 전체의 복제를 지시할 수도 있다.

생명체가 처음 어떻게 생겨났는지에 대한 이론은 많다. 분명한 것은 39억~38억년 전 지구상에 현재의 박테리아와 유사한 생명체가 존재하고 있었고, 이 생명체는 거의 확실히 수중에 살았기 때문에 자외선으로부터 보호를 받았을 것이라는 점이다. 그러나 식물도 없고 균류도 없고 동물도 없었던 세상에서 이 생명체는 무엇을 먹고 살았을까?

저녁엔 뭘 먹지?

어떤 생물체든 살아가기 위해서는 에너지와 음식이 필요하다. 다시 말하면 무엇인가를 먹고 살아야 한다는 뜻이다. 최초의 미생물은 질소나 황, 무기물 등에서 필요한 것을 얻었고 주변 환경에서 나오는 열에서 에너지를 얻었다. 이후 일부 유기체는 주변에 있는 다른 생명체를 잡아먹기 시작했다. 최초의 포식자가 등장한 것이다. ▶▶

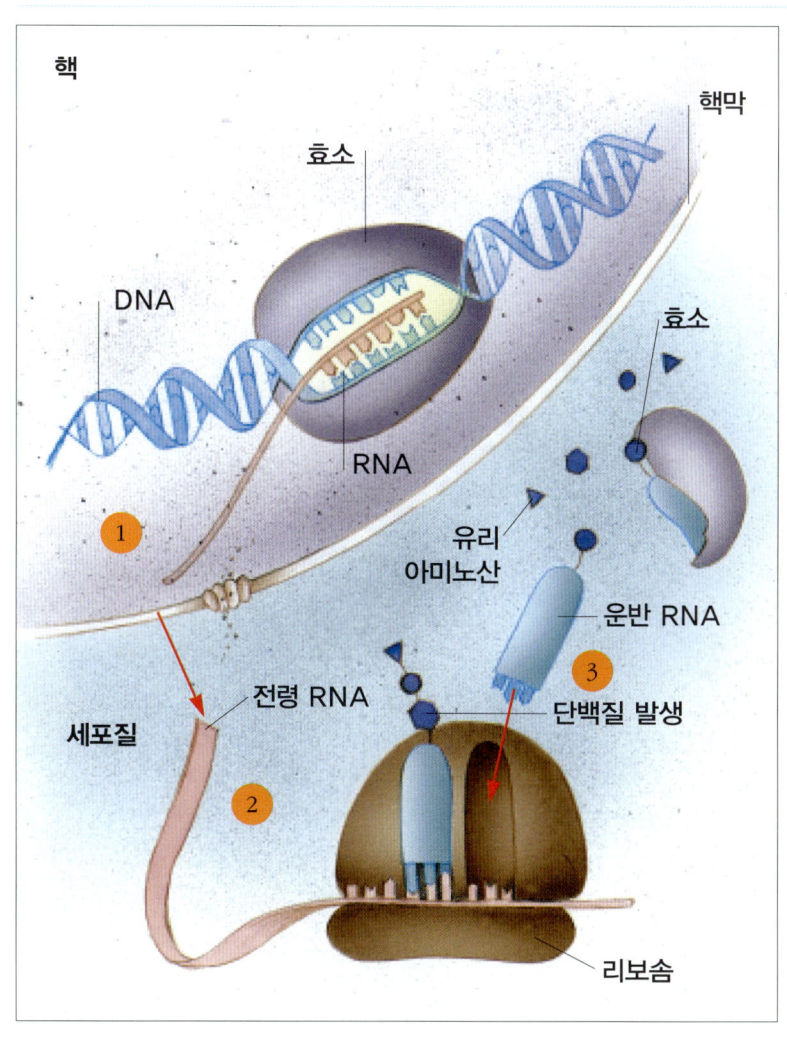

지식의 최전선

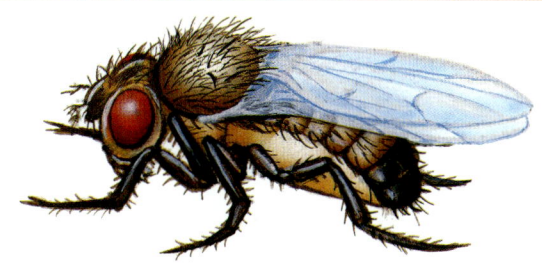

유전자는 몇 개나 있을까?

과거에는 유전자는 한 개당 단백질 하나를 암호화하고, 따라서 인간의 DNA에는 유전자가 몇십만 개가 들어 있다고 생각한 적이 있었다. 하지만 유전자는 일련의 작용 방식을 통해 다양한 단백질의 합성에 관여할 수 있다는 점이 밝혀졌다. 인간 유전체 프로젝트 덕택에 2001년 이후 인간 DNA 서열에 대해 상당히 정확히 알게 되었다. 이렇게 밝혀진 사실 중에는 인간의 유전자의 수는 약 10만 개라는 점이 있는데, 이는 뜻밖에도 연구 재료로 자주 쓰이는 초파리의 유전자 수에 비해 크게 많지 않은 수다. 따라서 유기체의 복잡성은 유전자의 수보다 유전자 사이의 관계에 따라 결정된다는 것을 알 수 있다. 유전자 사이의 관계에 대해서는 아직 거의 밝혀진 것이 없다.

단백질 합성

DNA에는 세포가 단백질을 합성하는 데 필요한 모든 정보가 담겨 있다. 단백질 합성은 다음과 같이 이루어진다.

1) 일부 효소(특정한 화학 공정에 반응을 더 잘하는 단백질)가 특정한 단백질을 합성하는 데 필요한 정보가 기록되어 있는 조각(유전자)이 있는 부분에 DNA의 이중 나선을 연다. '전령'이라는 이름이 붙은 RNA 분자가 이 정보를 복사한다.
2) 전령 RNA는 정보를 단백질 조립 라인 역할을 하는 리보솜이라고 하는 구조에 수송한다.
3) RNA의 또 다른 종류인 운반 RNA는 세포 안에서 자유로이 돌아다니는 아미노산을 잡아서 리보솜으로 전달하면, 리보솜에서는 전령 RNA에 암호화되어 있는 서열에 따라 아미노산을 조립해 단백질을 만들어낸다.

독립영양생물과 종속영양생물

지구상에 존재하는 유기체의 수와 종류가 증가하면서 음식과 에너지를 얻는 일이 점점 큰 문제가 되었다. 독립영양생물(자체적으로 영양을 얻는 생물)이라고 하는 유기체는 필요한 물질을 내부에서 합성하는 방법을 찾았고, 종속영양생물(다른 유기체로부터 영양을 얻는 생물)은 다른 살아 있는 유기체를 잡아먹는 방법을 택했다.

과학의 개척자와 과학 이야기

물 한 방울에 담긴 세계

미생물의 존재가 밝혀진 것은 17세기에 들어서였다. 네덜란드 사람인 안토니 반 레벤후크(1632~1723)는 정밀도가 놀라울 정도로 높은 렌즈를 연마하는 데 성공한 뒤 현미경을 250개 이상 만들어냈으며, 그 중에는 배율이 300배나 되는 것도 있었다. 그는 현미경을 이용하여 고인 물 한 방울에 온갖 모양과 크기를 한 '매우 작은 동물들'이 거대한 군락을 이루는 것을 발견했다. 레벤후크는 원생동물과 박테리아를 인류 최초로 식별하여 미생물학을 일으킨 과학자이다.

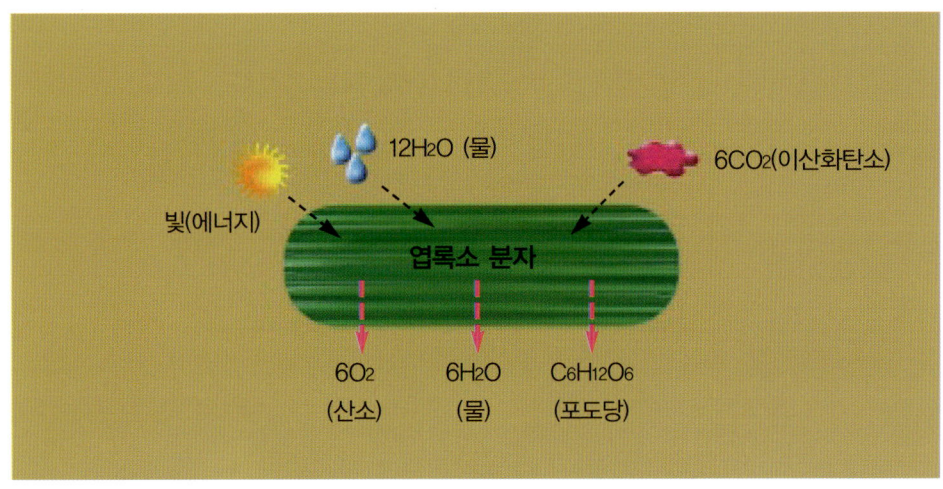

광합성

독립영양생물 중에서 잘 알려진 종류는 대부분 식물이나 남조류와 같이 엽록소를 통해 광합성을 할 수 있다. 광합성을 위한 기본 단위는 이산화탄소와 물 분자를 사용한다는 단순하면서도 큰 공통점이 있다. 이 두 화합물은 상호 작용하여 분해된다. 이후 분해된 원자들은 당분(포도당), 산소, 물 분자로 재구성된다. 이 반응에는 에너지가 필요한데, 이 에너지는 태양 광선에서 얻는다. 엽록소 분자는 광합성에서 적극적인 역할을 수행하지는 않지만, 태양 에너지를 흡수해 이를 다른 세포에 배분함으로써 광합성이 가능하도록 해 주는 역할을 한다.

지구의 역사

세포 가운데는 에너지를 지구의 열이나 먹이가 아니라 햇빛에서 공급받는 종류가 있다. 그런 세포는 이를 위해 새로운 화학 반응 방식을 이용했는데, 이것이 지구의 역사를 바꿔 놓게 되었다. 새로운 화학 반응이란 물과 이산화탄소를 포도당과 산소로 변환한 것이다. 이런 유기체를 남조류라고 하는데 남조류가 개발한 방법이 바로 광합성이다. 남조류는 남아프리카와 오스트레일리아에서 발견된 35억 년 된 암석에서도 그 흔적이 화석으로 발견되었고, 현재도 지구 전역에서 서식하고 있다. 당시 남조류는 해저에 스트로마톨라이트라는 층으로 거대한 군집을 이루었다. 이 군집이 거대한 바위 층으로 변해 갔다.

산소, 필수적인가 치명적인가?

지구 전역에 걸쳐 남조류가 증식하면서 광합성을 한 결과 광합성의 부산물로 대기가 오염되었다. 그 광합성의 부산물이 바로 산소이다. 오늘날 산소는 생명체 대다수가 살아가는 데 필수적인 물질이지만, 반면 상당한 활성 기체로 많은 물질을 산화시키며 공격해 급격한 변화를 가져오기도 한다. 원시 유기체에 산소는 치명적인 독이었다.

대기 중의 산소 농도는 약 22억 년 전부터 급격하게 증가하기 시작해서 불과 몇억 년 사이에 1%에서 22%로 증가했다. 바로 생명체가 일으킨 최초의 전 지구적인 환경오염 위기였다.

지식의 최전선

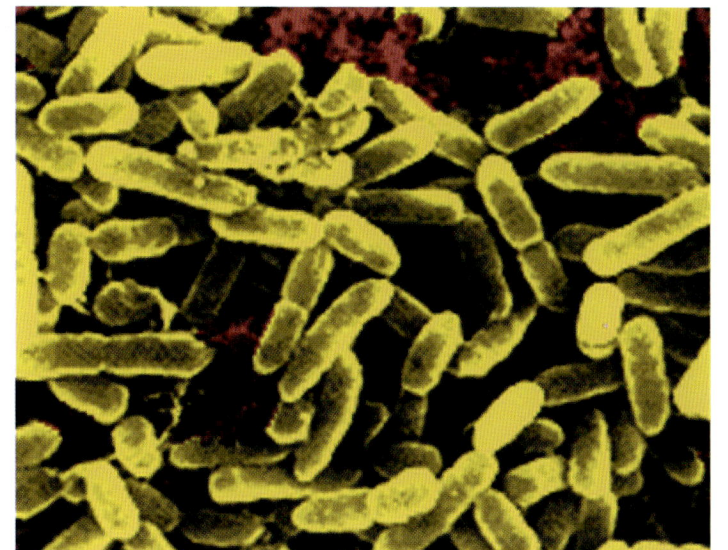

기름을 먹어치우다

최근 20년 동안 유전자 기술을 사용해 오염 물질을 분해할 수 있는 수많은 종류의 박테리아를 개발하는 노력이 있었다. 초기에 개발된 박테리아 중 하나는 수도모나스속(屬)의 박테리아로, 미국 과학자 아난다 차크라바티가 1970년대에 만든 것이다. 이 박테리아는 기름을 어느 정도 먹어치울 수 있다. 이 박테리아는 또한 최초로 특허를 받은 생물이기도 하다(1981년). 이런 미생물을 환경에 풀어놓음으로써 가져다줄 이익과 위험에 대해서, 또 생물이 특허 대상이 되는지에 대해서는 격렬한 논쟁이 진행되고 있다.

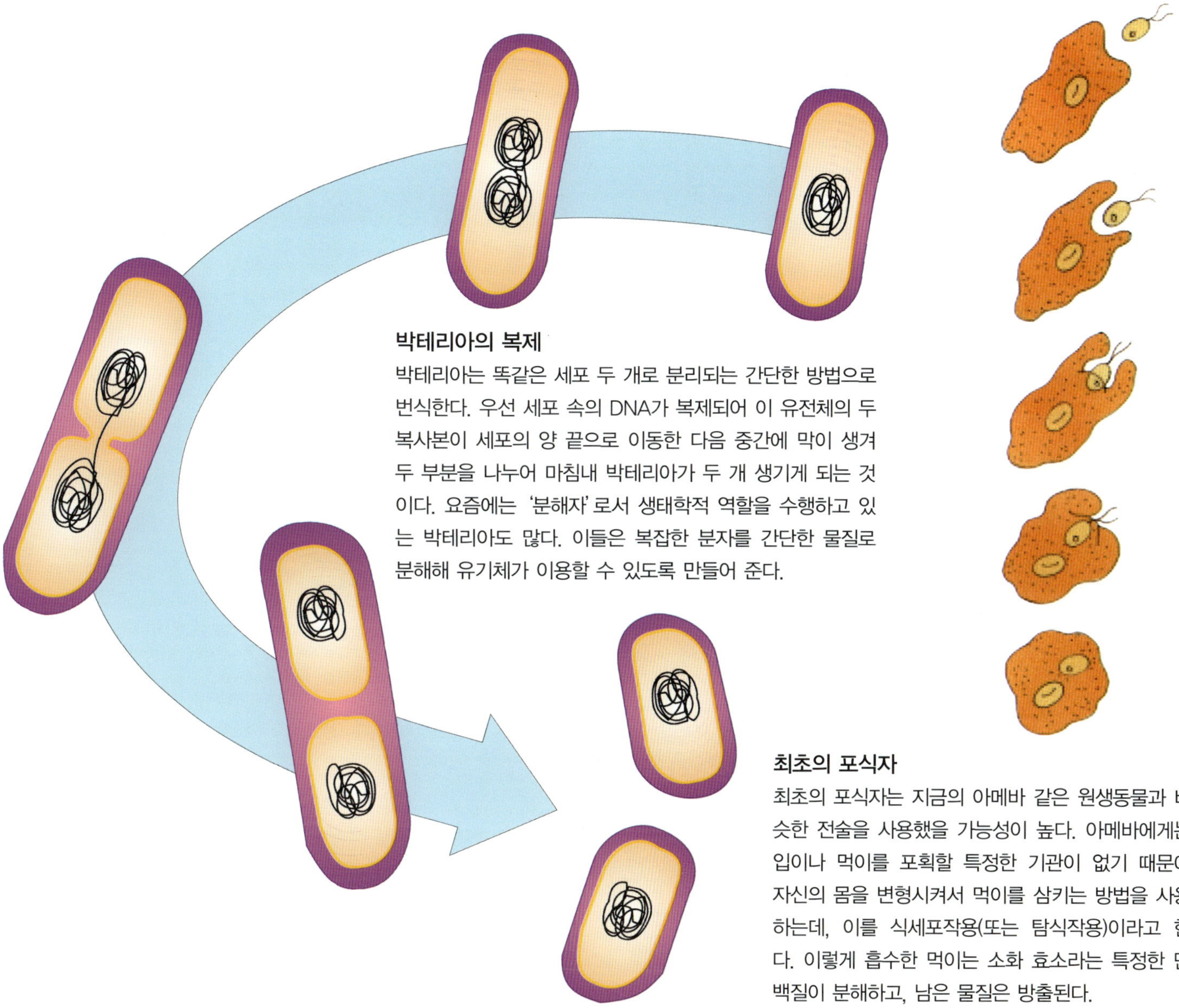

박테리아의 복제

박테리아는 똑같은 세포 두 개로 분리되는 간단한 방법으로 번식한다. 우선 세포 속의 DNA가 복제되어 이 유전체의 두 복사본이 세포의 양 끝으로 이동한 다음 중간에 막이 생겨 두 부분을 나누어 마침내 박테리아가 두 개 생기게 되는 것이다. 요즘에는 '분해자'로서 생태학적 역할을 수행하고 있는 박테리아도 많다. 이들은 복잡한 분자를 간단한 물질로 분해해 유기체가 이용할 수 있도록 만들어 준다.

최초의 포식자

최초의 포식자는 지금의 아메바 같은 원생동물과 비슷한 전술을 사용했을 가능성이 높다. 아메바에게는 입이나 먹이를 포획할 특정한 기관이 없기 때문에 자신의 몸을 변형시켜서 먹이를 삼키는 방법을 사용하는데, 이를 식세포작용(또는 탐식작용)이라고 한다. 이렇게 흡수한 먹이는 소화 효소라는 특정한 단백질이 분해하고, 남은 물질은 방출된다.

오늘날의 세포

진핵세포는 오늘날 사람의 몸을 비롯해 모든 고등 동물과 식물을 구성하고 있는 세포와 마찬가지로 특별한 진화의 산물이었다. 진핵세포는 특화된 세포 기관에 의해 각각의 기관에서 서로 다른 역할을 수행하는 일종의 '공장'이 되었다. 이 세포 기관은 화학적 반응과 정보 전달의 복잡한 조직망을 통해 조절과 통제가 이루어진다.

그런데 진핵세포는 맨 처음 어떻게 발생하게 되었을까? 혹시 서로 다른 미생물들이 우연히 만나 합해지면서 생겨난 것은 아니었을까?

원핵세포
박테리아의 세포와 같은 원핵세포는 내부 구조가 매우 단순해서 DNA와 리보솜이 세포 내부를 자유롭게 돌아다닌다. 박테리아 중에는 외벽에 다른 물체에 달라붙기 쉽도록 해 주는 섬모가 있거나 이동을 가능하게 해 주는 움직이는 편모가 달려 있는 종류도 있다.

- DNA
- 리보솜
- 섬모
- 편모

마굴리스의 가설
생물학자인 린 마굴리스에 의하면, 최초의 진핵세포는 원핵세포 간의 공생 관계의 결과로 발생했을 가능성도 있다고 한다. 즉 서로 다른 박테리아가 서로 상호 이익을 얻기 위해 공동으로 서식한 결과일 수 있다는 것이다.

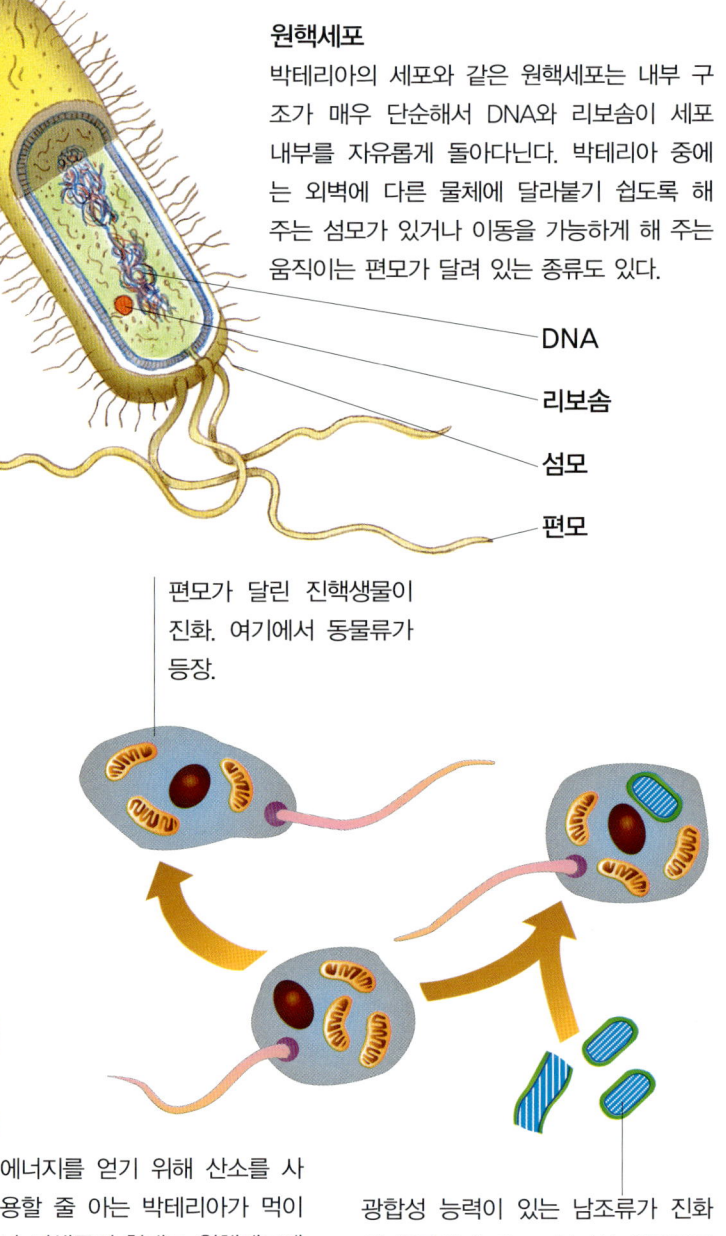

오늘날의 세포의 편모는 원래는 현대의 스피로헤타와 비슷한 실 모양의 박테리아였을 것으로 추측된다.

기본 원핵생물

최초로 편모가 있는 진핵세포 생물이 형성됨.

에너지를 얻기 위해 산소를 사용할 줄 아는 박테리아가 먹이나 기생균의 형태로 원핵세포에 들어간 다음 미토콘드리아로 진화한 것으로 추측된다.

편모가 달린 진핵생물이 진화. 여기에서 동물류가 등장.

광합성 능력이 있는 남조류가 진화해 엽록체가 되고, 여기서 식물류가 등장한 것으로 추측된다.

지구의 역사

그 당시 살아 있는 유기체의 대다수는 중대한 상황에 부딪쳤다. 바위 틈이나 바다 깊숙한 곳에서 살지 않는 생명체는 산소의 독을 제거하는 방법을 찾아야 했다. 결국 이들은 산소가 세포의 내부를 공격하기 전에 산소를 태워 버릴 방법을 개발했다. 산소를 포도당과 반응하도록 해서 물과 이산화탄소를 만들어 내는 방법이었다. 오늘날 세포호흡이라고 하는 이 화학 반응은 세포의 활동에 필요한 에너지를 공급하는 장점도 있었다.

포도당을 태우는 것은 에너지를 얻는 새로운 방식이었다. 이 방법을 통해 미생물인 남조류가 모든 복잡한 생명체의 진화를 위한 기초를 놓게 되었고, 산소 덕분에 호흡 작용도 가능해졌다.

후에 산소는 오존층 형성에 기여하게 되는데, 오존층이 생기면서 생명체가 물 밖으로 나올 수 있게 되었다.

한편 18억~15억 년 전에는 진핵생물이 나타났다. 당시까지는 아직 단세포 생물이었지만 박테리아나 남조류보다는 복잡한 구조로 되어 있었다.

진핵생물의 탄생은 지구상에서 발생한 비상한 진화 과정의 첫걸음이 되었다. 그러나 몇천 종이나 되는 다른 생명체의 진화라는 장관을 보기 위해서는 훨씬 더 오랜 시간을 기다려야 했다.

1장 | 젊은 지구

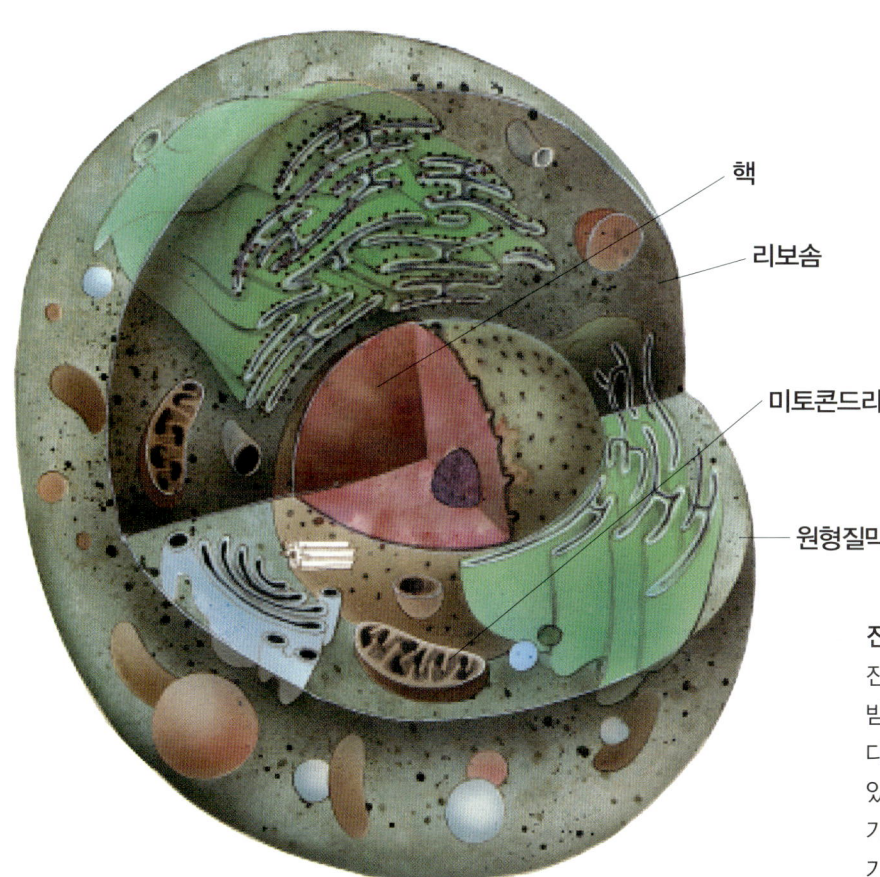

- 핵
- 리보솜
- 미토콘드리아
- 원형질막

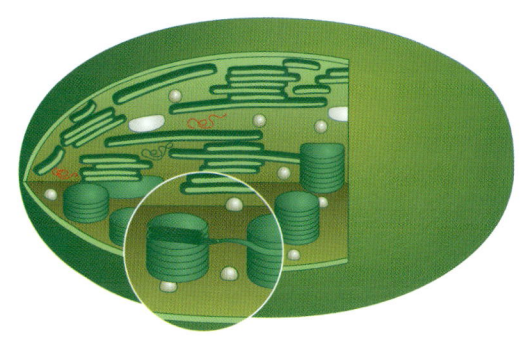

엽록체
광합성은 엽록체에서 이루어지는데 엽록체는 모든 식물 세포 같은 곳에서 볼 수 있다. 엽록소는 '틸라코이드'라고 하는 원반 모양의 미세한 구조 안에 들어 있고, 틸라코이드는 층층이 쌓인 채 '스트로마'라는 지지 구조 안에 끼어 있다.

진핵세포
진핵세포는 DNA의 상당 부분이 핵 안에서 보호를 받고 있고, 염색체라고 하는 구조 안에 배열되어 있다. 세포질 안에는 미세소관과 미세섬유라는 구조가 있어서 세포를 떠받쳐 주는 기질 역할을 한다. 제각기 나누어진 수많은 칸막이라고 볼 수 있는 세포소기관은 에너지 생산, 분자 합성, 영양분 저장 등 생명 유지에 필수적인 세포 기능을 수행한다.

지식의 최전선

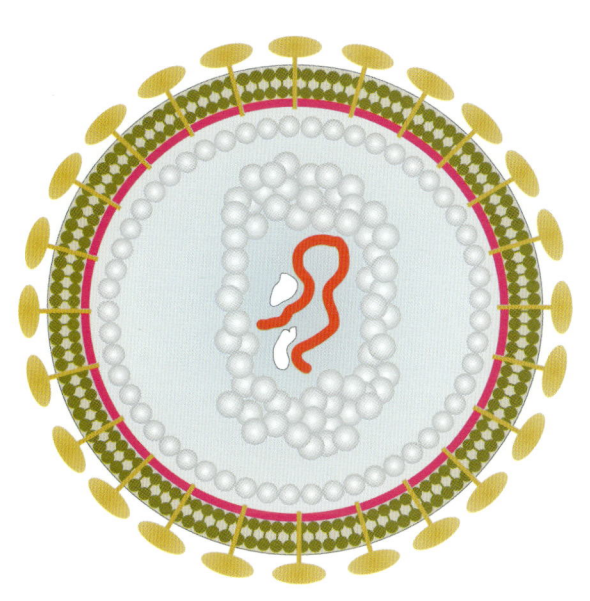

수평적인 유전자 전달
생명체 간에 일어나는 복잡한 상호 작용이 처음에 어떻게 시작되어 지금까지 어떻게 전개되었는지는 몹시 흥미로운 주제이지만, 아직까지는 비교적 많이 알려져 있지 않은 상태다. 현재로서는 인간의 진화의 역사 과정에서 수평적인(달리 말하면 부모와 자식 사이가 아니라 서로 다른 유기체 사이에서 이루어지는) 유전자 전달이 많이 이루어졌을 것으로 본다. 예를 들어 바이러스 중에는 자기가 감염시킨 유기체에 자신의 DNA의 일부를 영구적으로 전달할 수 있는 종류가 있는데, 바이러스에서 유래된 유전자 조각이 인간의 DNA에서 발견된 경우도 많다.

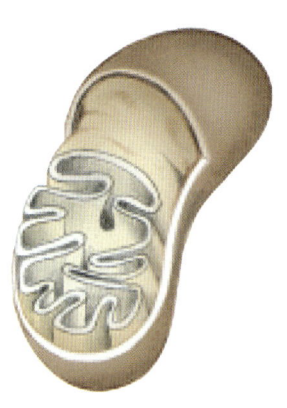

미토콘드리아
미토콘드리아는 세포 호흡을 담당하는 세포소기관이다. 포도당은 산소와 함께 연소되어 물, 이산화탄소, 에너지를 생산하는데, 세포는 이를 이용해 대사 작용을 한다. 많은 에너지를 필요로 하는 세포(예를 들어 근육세포)에는 미토콘드리아가 몇천 개나 들어 있는 경우도 있다.

제2장
생명체의 폭발적인 증가

지구의 각 대륙은 원생대의 끝 무렵인 8억5천만~6억만 년 전에 와서는 지금의 크기와 상당히 비슷한 상태가 되었다. 사실 대륙이 서로 충돌하거나 분리되기 시작한 것은 그 이전부터였다. 대륙 간의 상대적인 위치는 확실히는 밝혀지지 않았지만 지금과는 아주 다른 모습이었다.

대륙이 이렇게 변화를 일으키는 동안 생명의 발달 과정에서 또 다른 결정적인 단계가 시작되고 있었는데, 그것은 다세포 생물의 발생이었다. 하지만 지구상에 처음 나타난 세포가 자신과 동일한 개체만 계속 복제해 냈다면 다세포 생물은 어떻게 나타났을까?

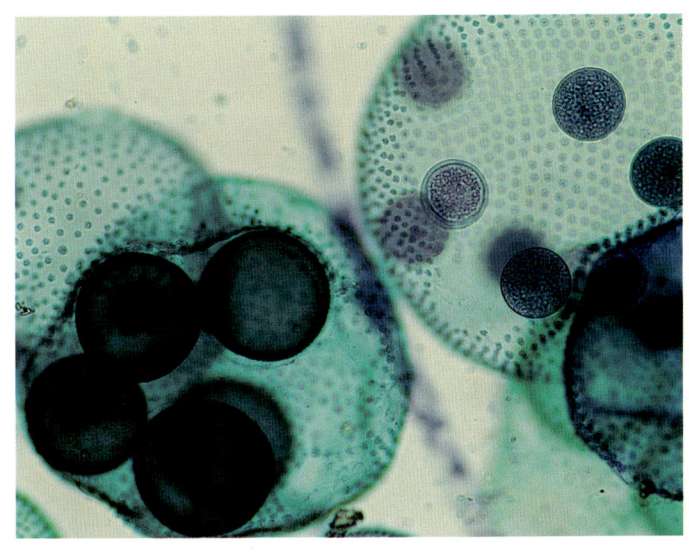

최초의 다세포 생물
볼복스는 오늘날에 볼 수 있는 유기체 중에서 최초의 다세포 생물이 어떤 식으로 기능을 발휘했는지를 시사해 주는 유기체다. 볼복스는 똑같은 단세포 조류(藻類) 몇만 개가 모여 생긴 군체로 이루어져 있다. 이들 단세포 조류는 독자적으로는 생존할 수 없기 때문에 공 모양으로 모여 살면서 일을 나누어 수행했다.

에디아카라 동물군
오스트레일리아의 에디아카라 힐즈에 놀랍도록 양호한 상태로 보존되어 있는 화석 유적은 당시에는 지금과는 달리 엄청나게 다양한 생명체가 있었다는 사실을 알려준다. 화석으로 남은 생명체 중 몇억 년 전부터 존재했고 바다에 있는 최초의 다세포 생물에 속하는 해파리만은 아직도 전세계의 바다에서 관찰되고 있다.

카니아
길이가 1미터 정도까지 자라는 이 신기한 모습의 생물은 나뭇잎 또는 새의 깃털과 닮았고, 해저에 발을 붙이고 살았던 것으로 추정된다. 이와 비슷한 종류의 생물을 지금도 태평양에서 볼 수 있는데 이들은 바다조름이라고 하며 산호의 먼 친척뻘이다.

아르카루아 아다미
일부 전문가에 따르면 이 생물은 최초의 극피동물(현재의 바다 성게를 포함하는 생물군)의 하나였다.

골격 구조의 기원

조개껍데기나 외골격 같은 골격이 있는 구조는 함도가 높은 해양에서 생겨났다. 사실 골격 구조는 동물의 왕국에서 가장 중요하면서도 가장 흔한 구조 단백질인 콜라겐 기질 위에 퇴적된 광물에 의해 형성되었다. 가장 오래된 것으로 알려진 골격 구조의 화석은 시베리아의 암석에서 발견된 것으로 미세한 단추 모양의 구조로 되어 있었고, 이 골격 구조는 고대 동물의 몸에 들어 있었던 것으로 추정된다.

스프리기나

이 작은 동물은 길이가 약 2.5㎝이다. 학자에 따라서는 환형동물로 보기도 하는데, 절지동물의 고대 조상 중 하나일지도 모른다고 보는 사람도 있다.

트리브라키디움

에디아카라 동물군은 원반 모양의 신기한 유기체로 이루어져 있다. 트리브라키디움은 기묘한 세 부분이 대칭을 이루고 있었다. 트리브라키디움의 살아 있는 자손이 현재 존재하고 있는지는 분명하지 않다.

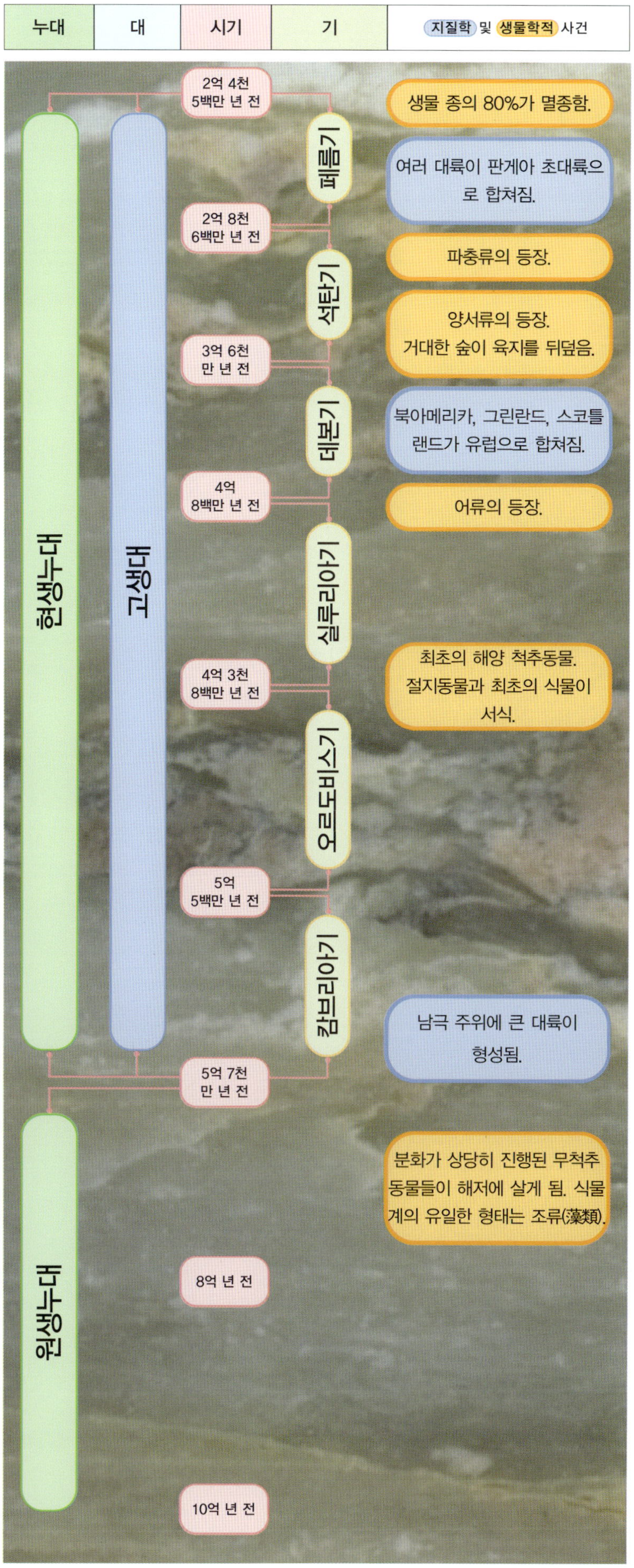

누대	대	시기	기	지질학 및 생물학적 사건
현생누대	고생대	2억 4천 5백만 년 전	페름기	생물 종의 80%가 멸종함.
				여러 대륙이 판게아 초대륙으로 합쳐짐.
		2억 8천 6백만 년 전	석탄기	파충류의 등장.
		3억 6천 만 년 전		양서류의 등장. 거대한 숲이 육지를 뒤덮음.
			데본기	북아메리카, 그린란드, 스코틀랜드가 유럽으로 합쳐짐.
		4억 8백만 년 전		어류의 등장.
			실루리아기	
		4억 3천 8백만 년 전		최초의 해양 척추동물. 절지동물과 최초의 식물이 서식.
			오르도비스기	
		5억 5백만 년 전		
			캄브리아기	남극 주위에 큰 대륙이 형성됨.
		5억 7천 만 년 전		
원생누대				분화가 상당히 진행된 무척추동물들이 해저에 살게 됨. 식물계의 유일한 형태는 조류(藻類).
		8억 년 전		
		10억 년 전		

진화

진화에는 계획도 목표도 예정된 길도 없다. 또 유기체가 점점 더 복잡하거나 지능적인 쪽으로 진화하도록 방향이 미리 정해져 있는 것도 아니다. 다만 주어진 환경에서 살아남아 번식에 성공한 생물체만이 진화의 혜택을 받았던 것뿐이다. 진화는 자연선택이라는 방법을 통해 일어나며, 유전체의 돌연변이라는 방식을 통해 촉진된다.

유전변이
어떤 종이든 그 종에 속한 각 개체는 같은 집단에 살거나 같은 부모 아래에 태어났더라도 똑같지는 않은 것이 일반적이다. 유전변이는 돌연변이나 유성 생식으로 인해 발생하는데, 생물체의 겉모습이 달라지는 것으로 나타난다.

생물의 진화
미약하지만 끊임없는 변이의 과정과 한 세대에서 다음 세대로 이어지는 개체 선발 덕분에 몇백만 년에 걸쳐 점점 더 분화된 종과 생물 집단이 나타나게 되었다. 이들 모두는 단세포에서 나온 아주 먼 공통 조상의 자손이다.

지구의 역사

진화의 두 원동력 : 우연과 필요

세포는 자신의 DNA 하나를 이론적으로 똑같은 사본 두 개로 복제하는 방식으로 번식을 한다. 하지만 유전이 되는 성격을 두꺼운 책에 비유한다면 그 책에 쓰인 글자라고 할 수 있는 몇백만, 몇십만 개나 되는 질소 염기의 서열 가운데서 가끔은 오탈자가 나오기도 한다. 이중 나선의 복제 과정에서 화학 물질이나 방사능이 민감한 단계에 영향을 미쳐 변이가 일어나는 경우가 있는데, 이렇게 되면 원래의 서열과는 다른 질소 염기가 끼어 들어가게 되는 것이다.

자기 복제를 하는 세포가 자신과 동일한 딸세포를 생산하지 않을 때 발생하는 돌연변이는 유전변이의 원인이 된다. 유전변이는 아주 유용한 경우도 있다. 돌연변이 중에는 이도 저도 아닌, 즉 해당 생물체에게 이롭지도 해롭지도 않은 변이도 많은 반면에, 단백질의 형태에 변화를 주는 대다수의 변이는 해당 생물체의 기능에 급격한 변화를 가져오기 때문에 치명적이다.

하지만 드물기는 해도 생물체에 유리하게 작용하는 돌연변이도 존재한다. 예를 들어 돌연변이의 결과 주위의 자원을 더 효과적으로 이용할 수 있게 되거나 다른 생물이 사용하지 않는 자원을 사용할 수 있게 되고, 또 환경 조건의 급격한 변화에 적응할 수 있게 되거나 포식자에 대해 더 효과적인 방어막을 칠 수 있게 되는 경우다. 이런 돌연변이체를 보유한 소수의 생물은 이런 돌연변이체가 없는 동족보다 더 빨리 또는 더 오랜 기간 번식한다. 그 결과 이런 생물의 수는 단 몇 세대 만에 급속히 늘어나게 된다. ▶▶

2장 | 생명체의 폭발적인 증가

돌연변이와…

후추나방(비스톤 베툴라리아)은 자작나무 근처에 사는데, 자작나무는 껍질이 하얀 것이 특징이다. 일반적인 경우 나방의 날개는 색깔이 아주 연하기 때문에 돌연변이로 날개 색깔이 검은 나방이 태어나면 자작나무에 앉았을 때 색깔이 두드러져 보이는 관계로 쉽게 새의 먹이가 되어 살아남기가 힘들다. 하지만 공장 지대에서는 공장에서 나오는 검댕 때문에 나무 줄기 색깔이 검어져서 색깔이 짙은 나방이 생존 가능성이 높아진다.

…선택

일부 과학자들의 주장에 따르면 자작나무의 줄기가 오염으로 인해 색이 짙어진 지역에서는 오래지 않아 색이 짙은 나방 개체군이 나타났다고 한다. 그리고 만약 오염이 사라지면 나방 무리는 단 몇 세대 만에 색깔이 옅은 색으로 다시 바뀐다는 것이다. 이 이론에 따르면 개체의 변이는 자연 선택의 압력에 따라 방향이 바뀐다고 할 수 있다.

지식의 최전선

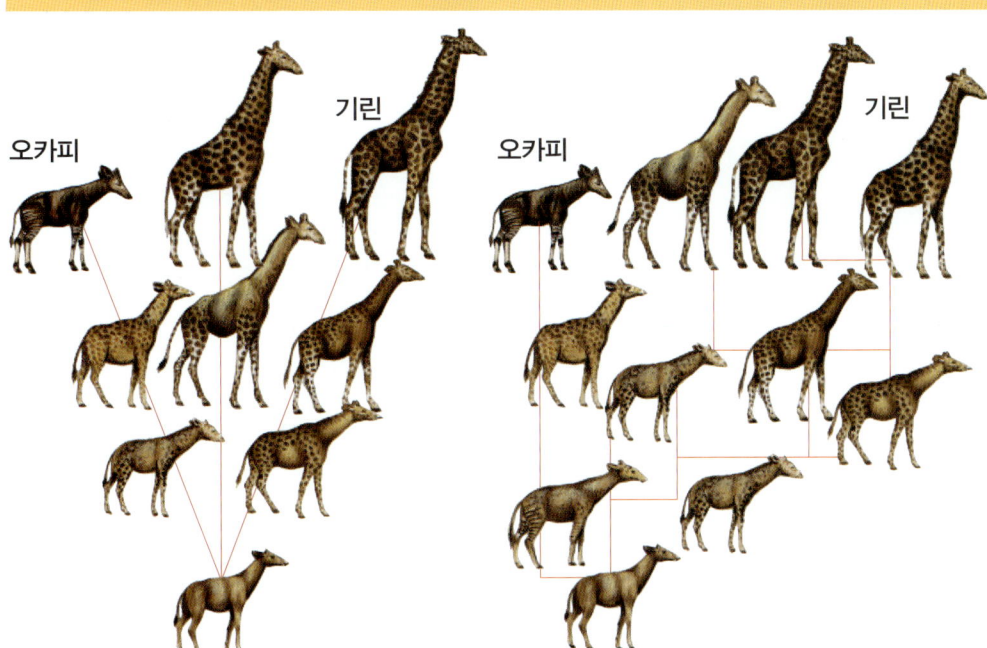

점진적 진화설에 따른 오카피와 기린의 진화 계통수

단속평형설에 따른 오카피와 기린의 진화 계통수

진화 : 점진적 진화인가 단속평형인가?

진화론의 기본적인 작용 방식은 이미 충분히 논증되었다. 하지만 살아 있는 생물 사이에 존재하는 여러 가지 엄청난 차이점이 어떻게 생기게 되었는가 하는 것은 아직 확실하게 밝혀지지 않았다. 과학계에서는 진화의 과정은 매우 느리고 점진적이라고 하는 학자들이 있는가 하면, 진화 과정이 오랜 기간 변화가 거의 없거나 전혀 없다가 갑자기 큰 변화가 일어나 새로운 종이 출현했다고 주장하는 학자들도 있다.

지각판의 움직임

지구의 바깥 부분인 암석권은 그다지 단단하지도 않고 하나로 이어져 있지도 않다. 암석권은 지각판 약 20개로 이루어져 있는데 그 중 7개가 큰 덩어리다. 지각판은 서로 작용을 주고받으며 느리지만 끊임없이 움직이고 있는데, 마치 물 위를 떠다니는 뗏목처럼 뜨겁고 유동적인 맨틀의 중간층인 연약권 위를 떠다닌다. 지각판이 끊임없이 움직이기 때문에 지구 표면의 모양은 느리기는 해도 계속 변하고 있다. 이런 현상은 1960년대에 이론화된 판구조론으로 설명할 수 있다. 이 학설은 암석권 전체가 움직이지는 않지만 그 위에 있는 대륙만은 움직이고 있다는 대륙 이동설 같은 과거의 이론에서 발전한 이론이다.

과학의 개척자와 과학 이야기

베게너와 대륙 이동설

독일의 기상학자인 알프레드 베게너는 1915년에 출판한 《대륙과 해양의 기원》에서 대륙 이동설을 주장했다. 그의 이론은 미완성이었으며 당시 엄청난 비난을 받았다. 특히 물리학자들의 비난이 심했는데, 이들은 지구의 바깥 부분이 매우 단단하기 때문에 대륙이 바다 위를 이동할 수 없다고 믿었다.

3억5천만 년 전
석탄기 초기에 여러 대륙은 모두 서로를 향해 움직이고 있었다.

2억 년 전
오늘날의 여러 대륙은 판게아라고 하는 하나의 초대륙이었는데 이 대륙은 몇백만 년 뒤에 남쪽의 곤드와나와 북쪽의 로라시아의 두 대륙으로 나뉜 것으로 생각된다.

1억 년 전
판게아가 나뉘어졌다. 아메리카 대륙은 대서양을 사이에 두고 유럽, 아시아 대륙과 거의 완전히 분리되었고, 인도는 분리된 대륙으로 자리 잡았다.

지구의 역사

따라서 진화는 우연(생명체 사이에 변이성을 부여하는 자연적 돌연변이)과 필요(적자효율적으로 경쟁하고 번식하지 못하는 종은 멸종할 수밖에 없는 선택의 압박)에 의해 촉진된다. 지구에 살게 된 것이 맨 처음에 발생한 유기체의 복제물이 아니라 계속 변이를 겪는 종이었다는 사실은 바로 이 두 가지 요인 덕분이었다.

뭉쳐야 산다

다세포는 단세포의 증식으로 생성된 진핵세포 중에서 분리에 실패하고 하나로 남아 있던 진핵세포가 오히려 이를 통해 오히려 많은 장점을 활용하게 되면서 생겨난 것으로 보인다. 이런 생물체는 우선 크기가 커지면서 포식자로부터 좀더 효율적으로 자신을 지킬 수 있게 되었다. 시간이 지나는 동안 일부 세포 집단이 분화되면서 나중에는 특정한 기능을 수행하는 세포 조직과 기관을 형성했다. 이렇게 세포가 합쳐진 결과, 예를 들면 먹잇감을 마비시킬 독을 만들어 내거나 먹잇감을 더욱 효과적으로 붙잡을 수 있는 구조로 발달할 수 있는 세포가 진화하게 되었다. 다세포는 또한 생명의 역사에 있어서 또 하나의 중요한 과정, 즉 유성생식의 등장으로 이어지기도 했다.

유성생식의 장점

일부 다세포생물에서는 번식을 위해 분화된 세포가 발생했다. 이를 생식체라고 하는데 수컷과 암컷의 두 종류가 있다. ▶▶

지각판의 경계

아래 지도는 현재의 지각판의 경계를 보여 주고 있다. 이 경계선을 따라 지진과 화산 활동이 널리 일어나고 있다. 해양지각만을 포함하고 있는 지각판도 있고 대륙지각만을 포함하고 있는 지각판도 있는가 하면 둘 다 포함하고 있는 지각판도 있다.

지각판의 충돌과 분리

밀도가 높은 해양판이 밀도가 낮은 대륙판과 충돌하면 해양판은 대륙판 아래로 침강하는데 이런 과정을 '섭입'이라고 한다. 반면에 판의 분리는 주로 바다 아래에서 일어난다. 즉 마그마가 맨틀에서 솟아올라와 새로운 해저를 형성하는 현상이다. 마그마는 해령에서 새어나오는데, 해령은 해양 지각에 있는 때로 몇천 km나 이어지는 복잡하게 얽힌 균열대를 말한다.

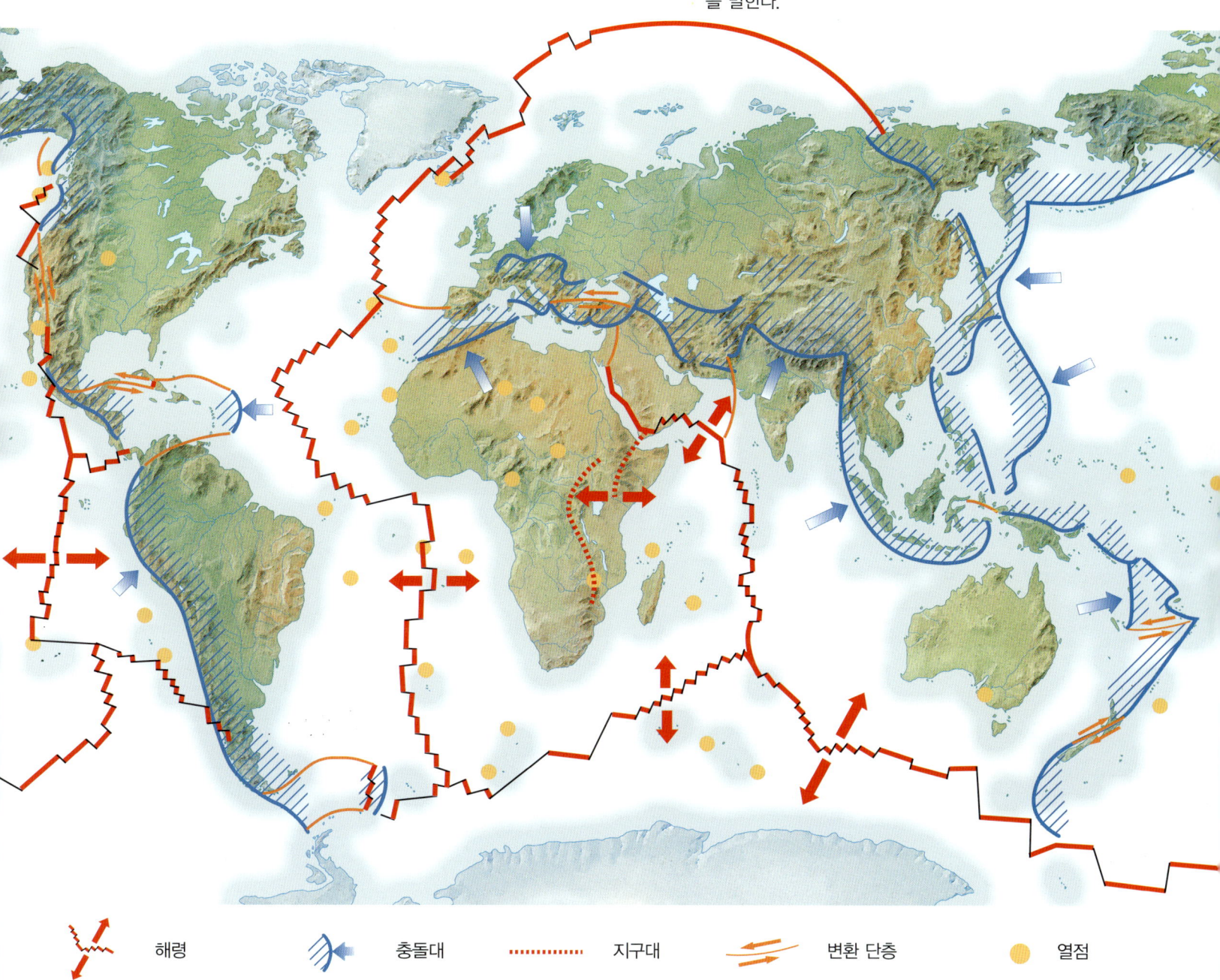

해령 · 충돌대 · 지구대 · 변환 단층 · 열점

지각판의 이동

지도의 화살표는 지각판이 이동 가능한 방향을 가리킨다. 지각판은 각각 이동하면서 서로 충돌하거나 스쳐 지나가거나 분리되거나 할 수 있다. 지각판이 움직이는 속도는 차이가 있지만 평균 1년에 10cm 안팎이다.

변환 단층

단층이란 지각판이 수직으로 길게 난 균열대로, 이 균열대를 따라 지각판이 측면으로 서로 엇갈려 미끄러지며 움직인다. 변환 운동 또는 횡단 운동이라 부르는 이런 움직임은 지각 자체를 없애 버리거나 생겨나게 하지는 않는다.

강, 호수, 산

산맥은 지각판 두 개가 서로 충돌할 때 형성된다. 반면 지구에서 깊이가 깊기로 손꼽히는 호수들은 암석권의 운동으로 인해 지각에 생긴 틈을 물이 채우면서 생겨났다. 그 외의 호수 중에는 빙하가 녹거나 수로가 막히면서 형성된 호수도 있다. 강의 형성은 지각판의 운동과는 별 관련이 없고, 지형에 자연적으로 움푹 파인 곳에 물이 모여서 만들어진 것이 보통이다.

탕가니카 호수
탕가니카 호수는 깊이가 깊기로 세계적인 곳이다. 가장 깊은 곳은 1,450m이고 길쭉하게 생겼다. 이런 특징은 구조호의 전형적인 특징으로, 구조호는 보통 지진이나 화산 활동으로 인해 지각이 함몰하면서 생겨난다.

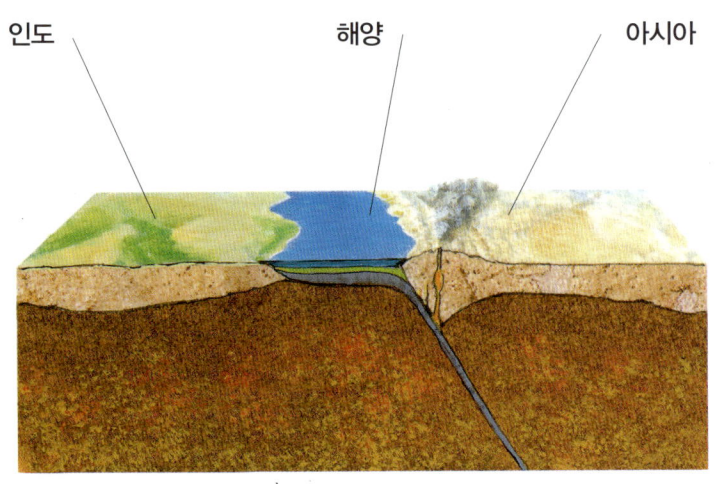

히말라야 산맥의 형성
약 5천만 년 전 지구상에서 가장 높은 정상이 있는 아시아 산맥인 히말라야 산맥은 아직 형성되지 않은 상태였다.

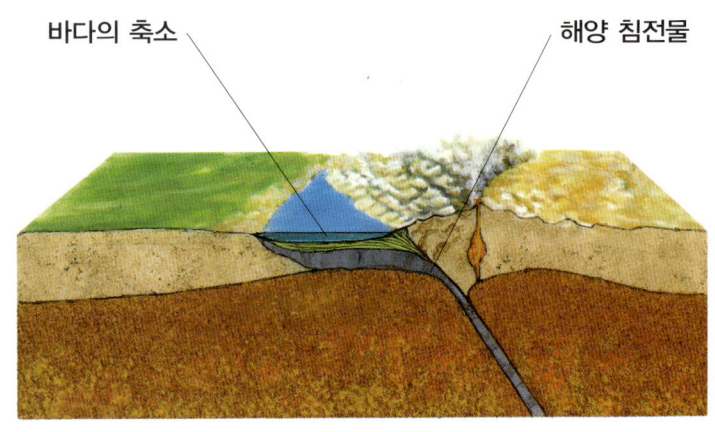

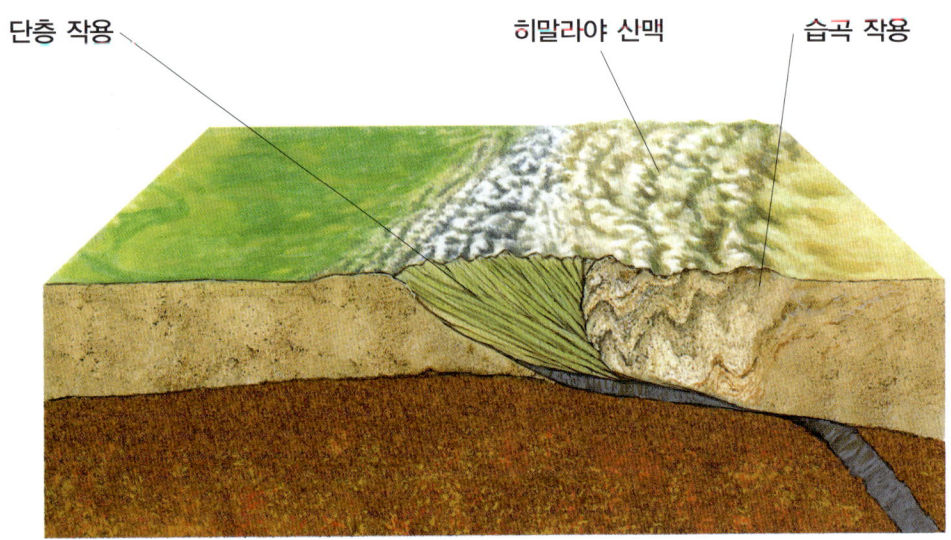

아직도 끝나지 않은 과정
두 대륙을 갈라놓았던 바다는 점점 규모가 줄어들다가 끝내는 없어졌다. 그러는 동안 해저의 침전물은 위로 솟아올라 3천만 년이라는 기간에 걸쳐 히말라야 산맥을 형성했다. 인도를 북쪽으로 아시아에 대고 밀어내는 과정은 지금도 계속되고 있다.

지구의 역사

고등 동물의 남성 생식체는 정자라고 하고, 여성 생식체는 난자라고 한다. 이 둘이 합해지면, 즉 수정을 하면 새로운 유기체가 탄생하게 된다.

두 종류의 생식 세포가 합쳐지는 방식으로 이루어지는 생식은 무성 생식에 비해 큰 장점이 있다. 무성 생식의 경우 유기체 하나는 딸유기체를 생산하는데, 딸유기체는 돌연변이가 일어나지 않는 한 유전적으로 모유기체와 똑같다. 반면 유성 생식의 경우 개체는 염색체를 모유기체에게서 반, 부 유기체에서 반을 물려받는다. 이렇게 되면 환경의 변화에 적응하는 데 유용한 유전변이가 나온다. 유성 생식이라는 방식 덕분에 다세포의 유기체는 환경 변화나 새로운 위협에 적응할 수 있는 능력을 유지할 수 있게 된다.

캄브리아기의 폭발

지금까지 알려진 모든 동물의 가장 오래된 조상들은 약 5억 4천만 년 전 '캄브리아기의 폭발'이라고 불리는 시기에 나타났다. 여기서 '폭발'이란 생물 종의 다양성이 이례적으로 폭발적인 증가세를 보인 일을 말한다. 당시 동물 '유형', 즉 문(門, 생물 분류학상 가장 큰 범주)이 적어도 100개 정도 생겨났는데 이는 현재에 비해 3배가 넘는 수이며 그 결과 생물의 수가 급증했다. 현재도 왜 10억 년이 흐른 뒤에야 원시 해양의 고요한 물속에서 동식물이 이렇게 전에 없이 급격히 늘어났는지 그 이유를 알지 못한다. ▶▶

지식의 최전선

댐
댐은 강을 막거나 인공 분지에 물을 모으기 위해 세우는 장벽 같은 것으로, 이렇게 가두어 둔 물은 전기를 생산하거나 관개 시설 또는 수로에 물을 대기 위해 사용한다. 댐은 경제 발전에 기여하기는 하지만, 댐의 건설로 인해 발생하는 환경 변화는 지역 주민에게 극히 부정적인 결과를 가져오는 경우가 많다.

강이 호수로
구불구불 흘러가는 강은 크게 휘어진 굴곡 부분이 가끔 본류에서 분리되어 점차 호수로 변해가는 경우가 있다.

우각호

캄브리아기의 바다에서 일어난 변화

골격과 딱딱한 겉껍질을 지닌 동물은 약 5억4천만 년 전에 처음 나타났다. 이런 특징은 '생물기원 광물형성작용'이라고 하는 현상의 결과였는데, 이는 생물의 증식에 매우 중요한 작용이었다. '갑옷'을 입은 동물은 포식자의 공격에 대해 연체 부위를 보호하기가 쉬웠기 때문에 생존 가능성이 더 컸다. 한편 포식자들도 집게발을 비롯해 공격하기 좋은 다른 도구를 발달시켰다. 피식자와 포식자 사이에는 '공진화'라는 관계가 있어서 피식자에게는 최고의 방어 수단을, 포식자에게는 가장 발달된 공격 무기를 부여했다. 동물에게 딱딱한 구조가 형성된 것은 물의 화학적 성분이 변했기 때문에 가능해졌다. 실상 바다는 그 이전부터 각종 유기체의 물질대사를 통해 생산된 무기물로 인해 영양분이 풍부해진 상태였다.

아노말로카리스
아노말로카리스는 캄브리아기 바다에서 극히 사나운 포식자 중 하나였다. 길이가 최대 약 1m 정도 되는 이 생물은 앞쪽에 큰 더듬이 한 쌍이 나 있고 입 주위에는 기묘하게도 치아처럼 생긴 작은 판이 둘러 있었다.

피카이아
길이가 3~5cm 정도에 불과한 이 생물은 척추동물의 고대 조상일 가능성이 있다. 몸의 축을 따라 세포가 한 줄로 뻗어 있는데 이를 척색이라고 하며, 아마 대체로 오늘날의 척추에 해당하는 초기 기관이었을 것으로 추측된다. 근육은 어류에 있는 것과 비슷한 방식으로 척색에 결합되어 있었다. 피카이아는 이런 특징으로 인해 몸체를 꾸불꾸불하게 움직이며 빠른 속도로 이동할 수 있었다.

마렐라
섬세하고 우아하며 새의 깃털 같은 모습을 한 마렐라는 아주 일반적인 절지동물의 하나였다. 크기는 0.2~2cm까지 다양했다.

셸
셸은 캄브리아기에 전세계적으로 아주 짧은 기간에 나타났다. 단단한 무기물로 이루어진 셸은 골격을 분비하기 시작한 동물군에 속했다.

2장 | 생명체의 폭발적인 증가

삼엽충
삼엽충은 캄브리아기에 널리 퍼진 생물이지만 고생대 대부분의 시기의 화석 가운데 가장 일반적으로 발견되는 화석이기도 하다. 삼엽충은 눈이 아주 잘 발달되어 있었고 골격은 가로 세로 방향 모두 세 부분(머리, 몸통, 꼬리)으로 나뉘어 있었다. 삼엽충 화석의 상당수는 포식자, 특히 아노말로카리스의 공격을 받은 흔적이 있다.

오토이아
오토이아의 등뼈는 아마도 피식자를 잡는 치아와 같은 역할을 한 것으로 보인다. 몸길이 7.5cm를 크게 넘지 않았던 오토이아는 겉으로는 온화해 보였지만 역사상 최초로 동족끼리 잡아먹는 벌레 중 하나였다.

오파비니아
캄브리아기에는 연체동물도 급속하게 번식했는데, 그 중 가장 중요한 화석 유적은 캐나다에서 발견된 변성암인 버지스셰일이다. 연체동물 중 가장 주목할 만한 동물은 오파비니아로 작은 공 모양의 눈 5개와 카나디아 같은 벌레를 잡는 데 사용했던 별난 모양의 늘어나는 관이 달려 있었다.

할루키게니아
이 생물의 화석을 최초로 연구한 학자들은 이 동물이 뭔가 앞뒤가 맞지 않는 구석이 있다는 사실을 발견했다. 할루키게니아는 불필요하게 보일 만큼 다리가 많았는데도(7쌍) 바다 밑바닥에서 몸을 끌고 다닌 것으로 보이기 때문이었다. 가시 모양의 날카로운 돌기는 방어 장치이다.

원시 해양

원시 해양의 바다에는 해면, 해파리, 삼엽충, 그 밖에 눈에 잘 띄지 않는 다른 모든 생물이 '살아 있는 카펫'을 이루고 있었다. 지금도 볼 수 있는 많은 속(屬)의 동물들이 오르도비스기와 실루리아기에 처음으로 등장했다. 또 떼를 이룬 갑각류, 성게, 이매패류 안에 들어 있는 연체동물 사이에서 헤엄치며 다니던, 현대 어류의 조상이라 할 수 있는 갑피류 동물도 있었다. 갑피류 동물은 사나운 절지동물의 공격에도 불구하고 다양한 진화 계통으로 분화하여 5천만 년이 넘는 세월 동안 번성했다.

반수생 전갈
열대 기후에 사는 독전갈의 원시 친척뻘 되는 바다 전갈은 포식자였다. 길이는 몇 미터나 되었고 강한 집게발이 달려 있었다. 몸은 납작했고 다리는 유선형이었으며, 눈은 머리 뒤편에 나 있었다. 많은 동물이 이런 전갈로부터 몸을 보호하기 위해 갑옷 같은 껍질을 발달시켰다.

바다나리
'해백합'이라고도 불리는 원시 해양기의 바다나리는 사실 식물이 아니라 극피동물(불가사리를 포함한 동물군)이었다. 바다나리는 바닷물에서 작은 음식 입자를 걸러내어 먹고 살았다. 골격은 가늘고 작은 판 몇 백 개로 이루어져 있었는데 보통은 바다나리가 죽으면 떨어져 나갔다.

헤미시클라스피스
헤미시클라스피스는 케팔라스피스의 한 종류로, 케팔라스피스는 움직임이 가능한 부속기관이 달린 최초의 척추동물이었다. 헤미시클라스피스는 바닷물을 여과해 먹이를 먹었다. 즉 바닷물을 마시면 먹이가 되는 유기 퇴적물이 들어 있는 부분은 '내장'으로 가고 나머지는 입 아래쪽에 있는 특별한 구멍으로 빠져 나가는 방식이었다.

지구의 역사

척추동물의 탄생

캄브리아기의 바다에는 삼엽충과 다른 이상한 생물 가운데 5㎝가 겨우 되는 길이에 리본 모양으로 생긴 작은 생물도 있었다. 이 생물이 바로 피카이아였는데, 특별히 인상적으로 생긴 동물은 아니었지만 한 가지 아주 중요한 특징을 지니고 있었다. 피카이아의 세포 중에는 '척색'이라는 조밀한 골격 구조 안에 근육이 연결되어 있었다. 척추와 비슷한 구조를 지닌 초기 생물 가운데 하나인 피카이아는 그래서 어류, 양서류, 파충류, 포유류, 조류 같은 척추동물 탄생의 예고편인 셈이었다.

원시 바다에서 생물이 폭발적으로 늘어나는 동안 땅 위에서는 생물의 자취를 거의 찾아볼 수 없었다. 육지의 환경은 면적도 광대하고 약탈자도 없었지만 생물이 살기는 어려웠다. 두 가지 주된 이유는 산소 부족과 태양의 자외선 때문이었는데, 태양 자외선은 지금처럼 상층 대기에 있는 오존층이 막아 주지 못해 생물에 피해를 입혔다.

5억 년에서 4억4천만 년 사이였던 오르도비스기에 지구의 대륙은 대부분 적도 근처에 있었던 곤드와나라는 거대한 초대륙으로 합쳐져 있었다. 바다에서는 종이 많았던 삼엽충이 계속해서 바다를 지배했다. 연체동물의 개체수 역시 상당히 많이 늘어났다. ▶▶

쿡소니아와 바라과나티아

쿡소니아(왼쪽)와 바라과나티아(오른쪽)는 육지에서 자란 최초의 식물에 속한다. 실루리아기부터 살기 시작한 이 식물들은 지금까지 알려진 식물 가운데 최초의 관다발식물, 즉 영양분을 분배하는 세포 조직을 갖춘 식물이었다. 이 두 식물은 줄기와 잎을 포함해 구조가 복잡했지만 꽃은 없었다. 이들은 포자를 이용해 번식했다.

지식의 최전선

척추동물은 어디서 진화했을까?

전문가들은 아직 척추동물이 바다에서 진화했는지 민물에서 진화했는지 확실히 알아내지 못했다. 가장 초기의 물고기 화석은 해양 침전물에서 발견되고 있지만, 실루리아기부터 그 이후의 거의 모든 화석은 민물 환경에서 발견되었다.

초기의 두족류

초기의 두족류는 현대의 두족류와 턱과 촉수가 똑같았다. 이들은 물 속으로 아주 깊이 들어갈 수 있었고 딱딱한 껍질 속에 기체를 넣어 두었다가 밀어내는 방법으로 다시 올라올 수 있었다. 다채로운 무늬의 딱딱한 껍질은 실루리아기의 바위에 화석으로 보존되어 있다.

화석의 형성과 연대 측정

화석은 과거에 지구에 살았던 동물과 식물의 잔해나 흔적이 오늘날까지 보존되어 있는 것을 말한다. 화석은 지구상에 있었던 생명의 역사를 재구성하는 데 아주 중요한 자료가 된다. 멸종한 동물이 남긴 인상(印象)이나 발자국, 화석화된 골격 등을 통해 해당 동물의 행동과 구조를 알아내고 당시의 생활환경도 재구성해 볼 수 있다.

과학의 개척자와 과학 이야기

호모 딜루비이 테스티스

18세기 과학자들은 화석이 과거에 살았던 동물이나 식물의 잔해가 아니라 노아의 홍수 때 죽은 동식물의 잔해라고 믿었다. 스위스 학자인 요한 쇼이히처 역시 예외가 아니었다. 그는 1731년에는 자신의 견해를 뒷받침하는 의심의 여지없이 확실한 화석을 발견했다고 선언했다. 그는 이 화석을 호모 딜루비이 테스티스(노아 홍수를 목격한 사람)라고 불렀다. 사실 그것은 800만 년 전에 서식했던 거대한 도롱뇽의 화석이었다.

생물의 죽음
살아 있는 동식물의 잔재에서 화석이 형성되는 것은 매우 드문 일이다. 그 과정은 죽은 생물이 예를 들어 해저로 가라앉는 것으로부터 시작된다.

생물의 매장
일반적으로 동식물의 잔재는 몇 년이면 완전히 썩어서 분해된다. 부패가 일어나지 않으려면 진흙 침전물이 잔재를 바로 덮어서 부패균의 분해 작용을 방지해야 한다.

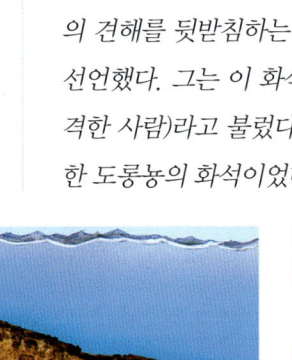

분해와 광물화
생물 몸체의 무른 부분은 아주 천천히 소실된다. 반면에 단단한 부분은 분자가 침전물을 순환하는 물과 거의 완전히 교체되면서 무기물이 스며든다. 생물의 단단한 부분이 광물화하는 데에는 오랜 시간이 걸리는데, 광물화는 때로는 분자 단위로 이루어지기도 한다. 생물체의 내부 구조도 이 과정을 통해 보존된다.

노출
지각이 움직임에 따라 퇴적암(화석을 보존할 수 있는 유일한 암석 종류)에 갇혀 있던 유기체 생물체의 잔재가 지표면에 드러나게 된다.

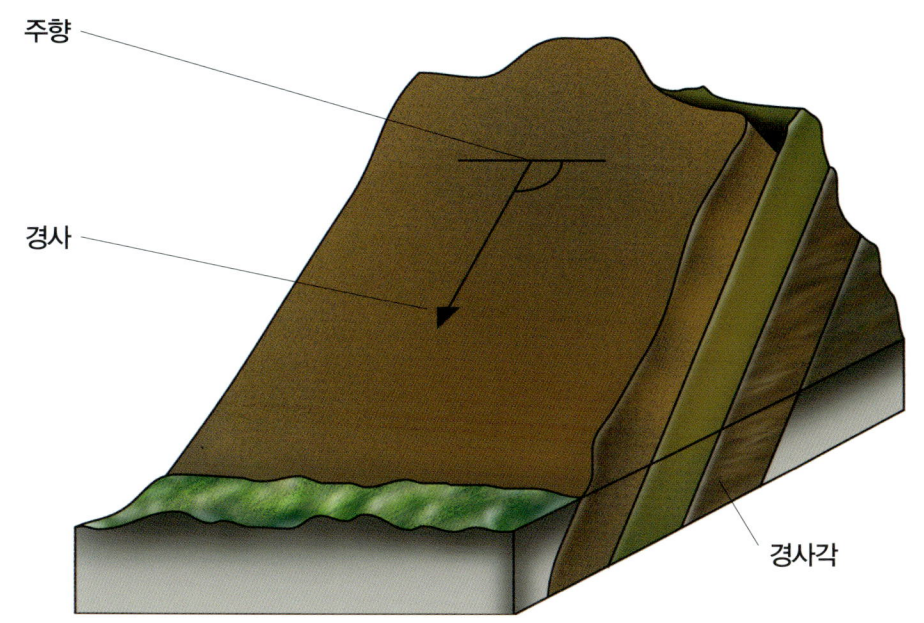

주향
경사
경사각

암석의 태위

오늘날 화석이 묻혀 있는 지표의 광대한 지역은 과거 바다에서 퇴적되어 굳어진 암석의 층으로 이루어져 있다. 이런 지층의 정확한 배열 상태, 즉 태위를 파악하는 일은 암석에서 발견된 화석의 연대를 측정하는 과정에서 꼭 필요한 단계다.

지질학자들은 정확한 태위를 파악하기 위해 지층에서 다음 세 가지 측면을 고려한다.

1. 주향 : 지층과 수평면이 교차하는 방향
2. 경사 : 주향과 수직을 이루는 방향
3. 경사각 : 수평면에 대한 지층의 기울기

지식의 최전선

암석의 연대 추정

암석의 연대를 추정하는 방식으로는 빙하 작용이나 해수면의 저하와 같은 특별한 상황이 특징적으로 발생한 지질 시대를 파악하는 방식이 있다. 이 방법은 화석을 연구해서 암석의 연대를 추정한다. 다른 방법으로는 암석에 함유된 특정한 물질의 방사성 동위원소(양자의 수는 같지만 중성자의 수는 다른 원자)를 측정하는 것이다. 동위원소는 일정한 기간이 지나면 다른 물질로 변한다. 예를 들어 우라늄 동위원소는 납으로, 특정한 종류의 탄소 동위원소는 질소로 변하는 식이다. 이렇게 동위원소의 변화 방식과 범위를 연구함으로써 암석의 연대 추정이 가능하다.

지구의 역사

이른바 나우틸로이드(나선형 껍질이 있는 두족류)라고 하는 연체동물은 길이가 몇 미터에 이르기도 했다. 물고기의 원시 조상인 갑피류도 발생했고, 극피동물과 작은 해양 생물인 필석류도 최초로 등장했다. 오르도비스기의 말기에 이르러서는 오늘날의 아프리카, 남아메리카, 오스트레일리아, 인도, 남극 대륙으로 이루어진 곤드와나 대륙의 일부가 남극 쪽으로 이동해 빙하로 덮여 있었다. 이 시기를 '오르도비스 빙하기'라고 한다.

육지로 이동

오르도비스 빙하기로 인한 추운 날씨가 지나가자 생물의 역사에서 더할 나위 없이 중요한 변화가 일어났다. 호수와 바다의 수위가 내려갔던 것이다. 그 결과 많은 식물이 물 위로 드러나 말라 죽었지만, 일부만 공기 중에 노출된 식물은 살아남을 수 있었고 물가에서 번식하기 시작했다.

실루리아기(4억4천만 년 전~3억9천5백만 년 전)에 드디어 생명체가 지상에 등장한 것이다. 이는 바다에 있는 광합성 생물의 역할이 무엇보다 컸다. 과거 몇백만 년 전부터 광합성을 통해 대기에 산소를 방출함으로써 호흡이 가능하게 만들어 주었기 때문이다. ▶▶

어류의 시대

식물과 무척추동물이 처음으로 육지에 모습을 드러낸 시기와 같은 시기에 바다에서도 큰 변화가 일어났다. 새로운 동물군이 진화해 점차 수많은 종으로 분화되어 간 것이다. 새로 등장한 동물군은 바로 어류였다.

클리마티우스
이 작은 극어류 물고기는 길이가 10cm도 되지 않았다. 지느러미가 쌍으로 많이 나 있어 헤엄을 잘 쳤고 배에 가시 모양의 돌기가 몇 개 나 있어 포식자로부터 자신을 보호하는 데 사용했다.

둔클레오스테우스
이 거대한 판피어는 길이가 3m를 넘었다. 입을 크게 벌려 넓게 물 수 있었고 상어와 맞상대가 될 정도였다.

게무엔디나
이 판피어는 오늘날의 홍어와 닮았다. 하지만 홍어와 같은 연골어류는 이로부터 몇백만 년 후에 진화했다.

지구의 역사

산소가 생겨나자 오존층이 형성되어 육지가 태양 자외선으로부터 보호를 받게 되었고, 이 육지에 등장한 첫 '정복자'는 산소를 이용했다. 동물 역시 식물이 지상에 노출되면서 직면했던 번식과 탈수 같은 문제에 직면했으나, 식물의 뒤를 이어 육지로 올라온 최초의 동물은 그리 오래지 않아 이를 극복할 수 있었다. 이런 문제를 극복한 육지의 첫 정복자는 바로 초식성 무척추동물이었다. 이들은 처음에는 포식자가 없는 환경에 지낼 수 있었지만, 곧 오늘날의 거미나 전갈과 비슷한 육식성 육상 절지동물이 육지에 나타났기 때문에 좋은 시절은 오래 가지 않았다.

지질학적인 면을 살펴보면, 실루리아기 말기에 이르러서는 유럽과 북아메리카 대륙 사이에 지질학적인 운동이 있었다. 이 운동의 결과 거대한 산맥이 생겨났는데, 현재의 스칸디나비아 산맥과 스코틀랜드 하이랜드가 이 산맥의 잔여물이다. 나중에 우랄 산맥을 형성하게 되는 지대도 이때부터 위로 밀고 올라가기 시작했다.

육지에서 생명체가 마침내 확고하게 자리를 잡는 동안, 바다에서는 오르도비스기와 실루리아기에 나타나기 시작했던 각종 척추동물이 새로운 특징을 지닌 형태로 진화했다.

턱에 일어난 큰 변화

약 4억4천만 년 전 극어류(역시 물고기의 조상임)라는 수생동물이 처음으로 등장했다. 극어류는 턱을 갖춘 최초의 동물로서, 이들의 턱은 일종의 집게 같은 것으로 이를 이용해 입으로 피식자를 잡아 으깰 수 있었다.

지식의 최전선

위기에 처한 거대 동물

상어는 인간을 잡아먹는 동물로 널리 알려져 있다. 하지만 사실 상어 종의 대부분은 인간에게 해를 끼치지 않으며, 먹이 사슬 중 최상위에서 상어가 하는 역할을 감안하면 생태학적인 면에서 아주 중요한 동물이다. 하지만 안타깝게도 그 중 많은 수가 멸종의 위기에 처해 있다. 상어의 모든 종 가운데 가장 악명 높고 무서운 백상아리는 오스트레일리아와 태즈메이니아, 남아프리카, 캘리포니아, 대서양 연안에서 보호 어종으로 지정되어 있다. 하지만 이런 조치만으로는 충분하지 않다. 많은 생물학자들은 세계 조약을 제정해 상어에 대한 무차별적인 살상을 금지하고 그 서식지를 보호해야 한다고 주장하고 있다.

상어

상어는 아주 고대로부터 내려온 동물이다. 가장 초기의 화석 연대는 3억 9천만 년 전으로 거슬러 올라간다. 그때 이후 진화 과정에서 다양한 형태가 나타났지만 가장 기본적인 형태가 지금까지 유지되었고 극히 가전성이 높다. 상어는 오늘날까지도 존재하고 있고 데본기 당시 조상들의 모습과 크게 다르지 않다.

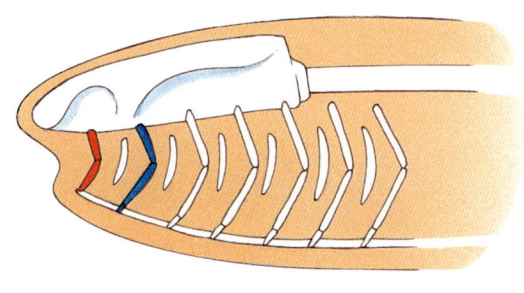

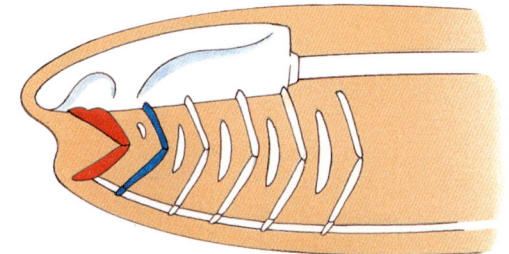

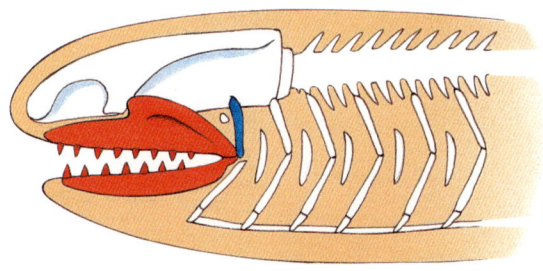

턱의 발달

턱은 가장 초기의 극어류의 머리를 보호하는 골판에서 유래된 것으로 보인다. 골판은 돌연변이와 자연선택을 통해 차츰 먹이를 잡고 부수고 씹는 도구인 턱으로 변했다.

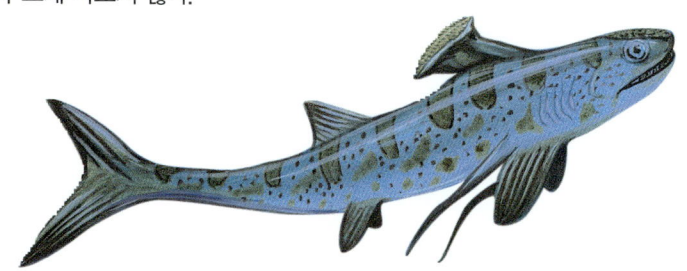

스테타칸투스
덩치가 작은 상어로 데본기의 바다에 널리 분포되어 있었다.

히보두스
상어 개체 수가 널리 확대되었던 두 번째 시기인 중생대의 가장 대표적인 상어다.

클라도셀라케
데본기의 위협적인 포식자였다.

최초의 관다발 식물

이끼가 지구상에 최초로 등장한 것은 이미 4억4천만 년 전의 일이었다. 이끼는 얇은 막으로 덮여 있어서 탈수를 방지할 수 있었고 배주와 정자를 빗물에 풀어놓는 방식으로 번식했다. 이끼는 줄기가 없었기 때문에 땅에서 3~5㎝ 이상 크는 경우가 없었다. 요즘 볼 수 있는 것과 같이 뿌리와 줄기, 잎을 지닌 모습을 한 최초의 식물은 그로부터 거의 1억 년 후에 나타났다.

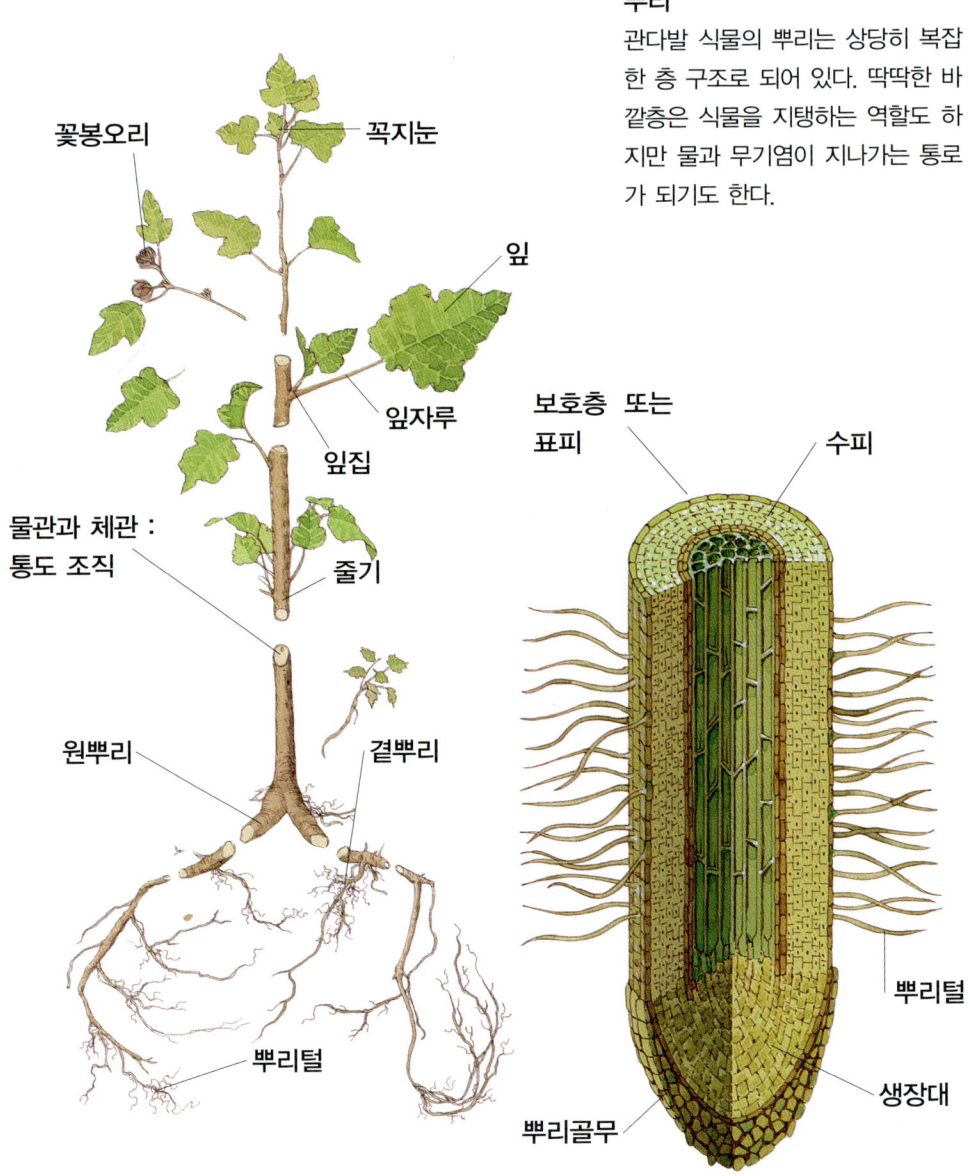

관다발 식물
관다발 식물은 현재까지 전체적인 모양뿐만 아니라 뿌리와 잎의 모양에서도 다양한 형태로 진화해 왔다. 하지만 한 가지 공통적인 구조가 있는데, 그것은 바로 식물을 지탱하고 물과 유용한 물질을 식물 전체에 분배하는 줄기다.

뿌리
관다발 식물의 뿌리는 상당히 복잡한 층 구조로 되어 있다. 딱딱한 바깥층은 식물을 지탱하는 역할도 하지만 물과 무기염이 지나가는 통로가 되기도 한다.

지구의 역사

극어류의 후손은 턱에 이빨이 발달했는데, 이빨은 턱보다 더 무서운 사냥 도구였다. 이렇게 딱딱하고 날카로운 이가 난 동물은 약 3억9천5백만 년 전 데본기(5천만 년 가량 지속됨)에 출현했다. 극어류 외에도 판피어라는 갑주가 있는 어류도 널리 퍼졌다. 판피어는 길이가 최대 9m에 이르는 경우도 있었다.

데본기에는 오늘날의 어류의 선조가 탄생한 것 외에 암모나이트도 번성했다. 암모나이트는 무척추 해양동물로 약 3억 년 동안 지구 생명체에 중추적인 역할을 하게 된다.

한편 육지에도 많은 변화가 진행되었다. 지진과 화산 폭발에 폭우와 가뭄이 더해져 여기저기 거대한 호수가 생겨났고, 여기서 다양한 종류의 식물, 특히 양치류 식물이 번성했다. 대륙 지역의 기후는 더운 곳이 많았고, 육상 척추동물의 첫 단계인 양서류도 출현했다.

양서류와 숲
양서류가 육상에 자리를 잡기까지는 많은 어려움이 있었다. 그러나 일단 그런 어려움을 극복한 뒤 양서류는 고생대 말 이전까지 지구를 지배했고, 고생대 말에는 파충류가 양서류의 뒤를 이어 지배적인 지위를 차지했다. ▶▶

지식의 최전선

숲의 화석화

관다발 식물은 구조상 쉽게 화석이 된다. 아주 오래된 숲 중에는 이탈리아의 두나로바에서 볼 수 있는 것과 같이 화석화된 나무로 현재까지도 그 모습이 남아 있다. 과거에는 나무의 화석화 현상이 학자들에겐 불가사의한 것이었지만, 최근의 연구로 그 수수께끼가 풀리기 시작했다.
즉, 숲이 퇴적층에 묻히면 식물의 미세 구조와 외양은 원래대로 유지되는 한편, 나뭇잎과 나무줄기의 세포에 들어 있는 유기물질은 규소화합물로 대치되면서 생기는 현상이라는 사실을 알게 된 것이다.

초기의 관다발 식물에서 덤불과 나무로

가장 오래된 원시 식물은 프실로피테스와 리니오피테스다. 겉씨식물과 속씨식물은 옆에 나온 진화계통수에서 볼 수 있듯이 조금 더 진화된 종이다.

아르케오프테리스
많은 전문가들에 의하면, 역사상 최초로 큰 키로 자라 처음으로 숲을 이룬 나무였다. 3억8천만 년 전에 지구에 나타났다.

2장 | 생명체의 폭발적인 증가

최초의 육상 척추동물

지구는 데본기 때 지진과 화산의 분화로 인해 바다 속에 있던 지역이 육지로 올라오기도 하고 육지였던 지역이 바다로 가라앉기도 했다. 그 과정에서 작은 호수와 늪지대가 형성되었는데, 이런 곳에 살던 어류는 건조기에 적응할 방법을 찾는 것 외에도, 잠깐 동안 물 밖에 나와 있거나 옆에 있는 다른 물웅덩이로 옮겨 다닐 줄도 알아야 했다. 이런 문제는 석탄기를 지나는 동안 점차 해결 방법을 찾게 되었다. 아가미를 없애거나 숨을 쉬는 데 필요한 산소를 흡수하는 새로운 방법을 발달시키거나, 혹은 땅에서 이동하기 위해 지느러미를 다른 기관으로 변화시키는 등의 방법을 사용했다. 이렇게 해서 나타난 동물이 양서류였다.

지느러미가 다리로
유스테놉테론(왼쪽)과 폐어(아래쪽)는 둘 다 지느러미가 튼튼한데다 뼈가 들어 있어서 원시적인 형식이기는 해도 땅에서 이동이 가능했다. 시간이 지나면서 이 두 종의 지느러미 가운데 하나가 양서류의 다리 구조로 진화했고, 이 다리 구조는 걷거나 혹은 뛰어오르는 데에 훨씬 적합한 구조였다.

- 상박골
- 요골
- 척골
- 손목뼈
- 손가락

익티오스테가
익티오스테가는 양서류다운 양서류라고 규정할 수 있는 최초의 동물이었다. 여전히 물고기 꼬리가 달려 있기는 했지만, 골격 구조는 땅에서 살 수 있도록 만들어져 있었다. 몸은 비늘이 아니라 부드럽고 항상 축축한 상태인 피부로 덮여 있었다.

유스테놉테론
이 물고기는 수면 위에서 공기를 삼키는 방식으로 숨을 들이쉬었다. 식도에는 혈관이 많이 분포되어 있어 이 혈관을 통해 산소를 흡수하고 순환시켰다. 몸 아래에 달려 있는 지느러미를 이용해 몸을 끌어 짧은 거리지만 땅 위에서 이동할 수 있었다.

폐어
초기 형태의 폐어류는 두개골이 하나로 이어진 뼈로 구성되어 있었다. 같은 과에 속하는 현대의 친족을 보면 양서류의 초기 선조들이 사용하던 방법을 추측해 볼 수 있는데, 오늘날의 폐어는 아가미호흡과 초보 형태의 폐호흡을 번갈아서 사용하고 있다.

지구의 역사

파충류는 석탄기인 3억3천만 년 전쯤에 나타났다. 석탄기는 3억4천5백만 년 전에서 2억8천만 년 전까지 지속되었는데, 석탄기라는 이름은 바로 이 시기에 형성되었고 지금도 사람들이 이용하고 있는 방대한 양의 화석화된 탄소 퇴적물에서 유래했다.

석탄기 말기에는 북아메리카의 동부 해안을 따라 캐나다에서 남아메리카까지 애팔래치아 산맥이 형성되었다. 이런 산맥의 형성은 거대한 과정의 일부였다. 곤드와나 대륙은 북쪽으로 이동하고 있었는데, 거기서 또 다른 큰 땅덩이인 로라시아 대륙(아시아와 유럽이 합해진 대륙)과 충돌했고, 그 뒤로 기존의 모든 육지가 판게아라는 하나의 초대륙으로 합쳐지기 시작했다.

페름기

판게아 대륙은 고생대의 마지막 시기인 페름기에 형성이 끝났다. 그 결과 거대한 땅덩이 하나가 북극에서 남극까지 뻗쳐 있게 되었다. 적도를 따라 로라시아 대륙과 곤드와나 대륙 북부 사이에는 테티스 해라는 넓은 바다가 자리잡고 있었다.

기후는 지역마다 달랐다. 남반구는 빙하기의 수중에 들어 있었는데 석탄기 말에 시작된 빙하는 당시 남극과 인도, 오스트레일리아 남부, 그리고 아프리카와 남아메리카의 상당 부분을 덮고 있었다. 지구 중앙 지역은 전반적으로 무덥고 습한 기후였다.

머드스키퍼

이 작은 물고기는 지금도 맹그로브 숲에서 흔히 볼 수 있다. 초기의 양서류처럼 지느러미를 이용해 물 밖으로 나와 피부로 호흡할 수 있다.

지식의 최전선

두꺼비 떼는 왜 사라졌을까?

최근 몇 년 동안 코스타리카 황금 두꺼비를 본 사람은 아무도 없었다. 이 두꺼비는 멸종된 것으로 보이며 이 외에도 오스트레일리아에서 아마존까지, 미국에서 아시아까지 전 지역에 걸쳐 개구리와 두꺼비의 많은 종이 멸종된 것으로 여겨진다. 양서류 개체수가 급격히 감소한 이유는 아직도 수수께끼다. 세계의 과학자들은 이 수수께끼를 풀기 위해 많은 노력을 기울이고 있는데, 그 수수께끼를 풀면 현재 지구의 환경이 얼마만한 중병을 앓고 있는지에 대해 많은 사실을 알게 될 것이기 때문이다.

석탄기의 숲

식물은 3억4천5백만 년 전에서 2억8천만 년 전까지 지속된 석탄기를 지나면서 무덥고 습한 기후에 힘입어 놀랄 만한 발전을 이루었다. 습지 가장자리에는 나무같이 거대한 석송으로 이루어진 광대하고 무성한 숲이 번성했다. 땅은 상대적으로 키가 작은 식물과 뱀 크기만한 노래기가 사는 양치류로 덮여 있었다. 식물계의 증식과 더불어 동물계도 크게 증식했다. 거대한 곤충들이 윙윙거리며 하늘을 날아다녔고 수많은 형태의 절지동물과 어류가 널리 퍼졌으며 양서류가 최초로 나타났다.

스테노딕티아
길이가 10cm를 넘지 않는 이 원시 곤충의 가장 흥미로운 특징은 몸에 난 날개 두 쌍 외에도 머리의 양 옆으로 감각기관 역할을 한 작은 날개 한 쌍이 더 나 있었다는 점이다.

석탄기의 식물상
숲에는 거대한 석송이나 속새, 또는 라코피톤같이 나무에 붙어 사는 양치류가 자랐는데, 숲은 주로 습지 주변을 따라 형성되었다.

아르트로플레우라 아르마타
이 절지동물은 노래기와 아주 비슷하지만 길이는 약 1.8m였다.

지구의 역사

적도의 양쪽으로는 모두 전갈을 비롯한 극소수의 생물만이 살 수 있는 사막이 끝없이 펼쳐져 있었다. 판게아 대륙의 북부는 춥고 건조했다. 페름기에는 딱정벌레를 비롯한 곤충의 여러 새로운 종이 숲속에 자리를 잡았다. 바다에서는 어류가 지배적인 위치를 이어 갔고, 늪지대에서는 양서류와 초기 파충류가 점차 퍼져 나갔다. 모든 조건이 생물체의 번성에 유리한 것처럼 보였지만, 그러다가 엄청난 종말을 초래한 사태가 발생했다. 아직도 그 이유를 정확히 알지 못하고 있지만 생물체의 대량 멸종을 가져온 사태였다. 이런 사태가 생긴 것은 이때가 처음이 아니었고 앞으로도 끝이 아니겠지만, 아마도 이때가 우리 지구의 역사상 가장 파괴적인 멸종의 시기였을 것이다.

페름기의 대재앙

일부 전문가들에 의하면, 지구상에 사는 생물의 80% 이상이 겨우 백만 년 만에(지질학적 시간으로 보자면 순간적인 시간에 불과한 기간) 멸종했다. 척추동물과 무척추동물, 식물과 수생 및 육상 동물 등 모두가 타격을 받았다. 페름기의 해양에 사는 모든 생물종 가운데 90% 이상이 중생대까지 살아남지 못했다. 파충류는 약 78%, 양서류는 67% 정도가 이 시기에 사라졌다.

메가네우라
현대의 잠자리와 아주 비슷하지만 그 크기는 거대해서, 날개 길이가 70cm 정도에 이르렀다.

지식의 최전선

특이한 절지동물

절지동물은 석탄기에 비약적으로 발달했는데 그 결과 생물학적, 물리적 법칙을 벗어난 것처럼 보이는 거대한 종이 여럿 생겨났다. 과학자들은 지금도 이런 동물의 특이한 특징에 놀라움을 금치 못한다. 예를 들어 딱정벌레 중에는 몸을 보호하는 겉껍질이 지금까지 알려진 물질 중에서 가장 저항력 있는 물질로 구성되어 있는 종이 있는데, 심지어는 현재 이를 군사용으로 적용하기 위한 연구가 진행되고 있을 정도다. 더 나아가 일본이나 미국의 과학자 중에는 과학소설에나 나올 법한 '사이보그' 절지동물을 만들기 위해 노력하고 있는 경우도 있다. 초소형 칩을 절지동물의 신경 조직에 심어 원격 제어가 가능한 로봇형 동물을 만들어 내겠다는 것이다.

석유와 석탄의 기원

우리가 현재 에너지원으로 사용하고 있는 석유와 석탄은 몇백만 년 전에 시작된 사건을 거쳐 생성되었다. 석유는 약 4억5천만 년 전 오르도비스기의 바다에 살았던 미생물의 침전물에서 생겨났다. 이와 달리 석탄은 석탄기에 숲에서 번성한 엄청난 양의 식물에서 유래했다. 즉 식물이 죽으면 박테리아에 의해 분해되어 다양한 품질의 석탄으로 서서히 변형되었던 것이다.

검은 황금, 석유를 찾아서
전문가들은 유전을 찾을 가능성이 가장 큰 곳을 살필 때 해당 지역의 지질학적 특징에 대한 연구를 참고하거나 지하 엑스레이 촬영 같은 특수기법을 사용한다. 예를 들어 암석에 있는 자기적인 특성을 측정해 유전이 존재할 경우에 나타나는 변화를 알아보는 방식이다. 유전이 있다는 확실한 증거는 직접 땅속 깊이 시추를 해 보아야 확인할 수 있다.

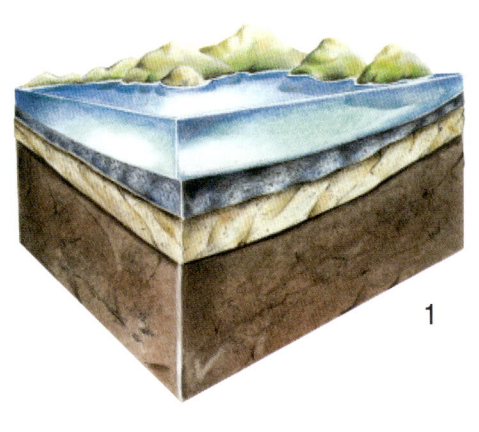

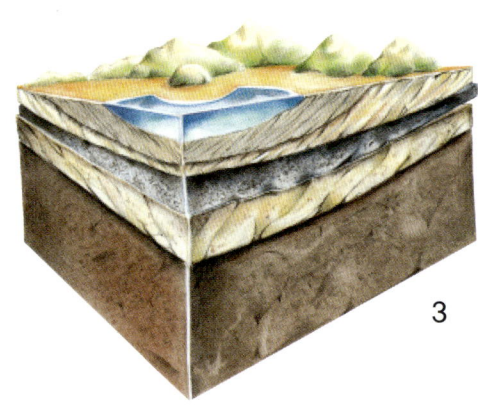

침전물에서 석유로
(1) 생물체의 잔재가 해저에 쌓이고 (2) 그 후에 모래나 기타 침전물로 덮인다. (3) 석유로 변환되기 위해서는 이 미생물의 잔재에 높은 압력과 온도가 가해져야 한다. 높은 압력과 온도는 몇백만 년에 걸쳐 새로운 퇴적물이 쌓이면서 유기물의 잔재를 더 깊이, 때로는 2km 이상 밀어내리는 과정에서 발생한다.

지구의 역사

2억5천만 년이 지나는 동안 적어도 1만5천 종 이상으로 다양하게 분화한 삼엽충은 그 후 완전히 멸종되었다. 최근에 제시된 이론에 따르면, 지구상에서 생물이 거의 전멸하게 된 원인은 지구에 운석이 충돌했기 때문이라고 한다. 지름이 8~9.5km가량 되는 운석이 지구에 충돌하면서 생긴 충격으로 환경에 대재앙을 일으켰다는 것이다. 하지만 이 이론에 대해서는 아직 의견이 분분하다. 대재앙의 실제 이유는 화산 활동이 갑작스럽게 증가하면서 몇 백만 톤이나 되는 용암이 흘러내려 지표면을 뒤덮었기 때문이라고 보는 과학자도 많은데, 이 이론에 의하면 화산 폭발로 대기가 가스와 먼지로 가득 차 하늘이 어두워지면서 엄청난 기후 변화를 야기했을 것이라고 한다.

그런가 하면 지질학자와 고생물학자 중에는 대재앙의 이유가 하나만 있었던 것이 아니라고 보는 사람도 있다. 기후 변화뿐만 아니라 바다의 수위 변화와 대륙의 이동 역시 결정적인 역할을 했다고 보는 것이다. 이런 여러 가지 이론은 반복적으로 제기되고 있는 주장이며 다른 대량 멸종 사태를 설명하는 데도 사용되고 있는 이론이다.

아무튼 지구가 약 2억 년 전 다시 상당히 황폐한 곳이 되었다는 사실에는 변함이 없다. 하지만 이런 재난에도 불구하고 생명의 불씨는 계속 남아 있었다. 생존한 생물은 곧 살아남은 자만의 특권을 최대한 이용해 육지와 바다에 자기 종을 다시 번식시키게 되었다. 실제로 페름기의 대재앙은 중생대 최강의 지배자가 번성할 길을 열어 주었다. 바야흐로 공룡의 시대가 열린 것이다.

지식의 최전선

대체 에너지원

대체 에너지원은 태양에서 비롯한 것이든 지열이나 쓰레기에서 나오는 것이든 현재로서는 한정된 범위 내에서만 사용되고 있다. 하지만 나중에 화석 연료의 비용이 경제적 환경적 측면 모두에서 더 이상 감당할 수 없는 상황이 되면, 대체 에너지원은 그 중요성을 더해 갈 것이다. 현재 대체 에너지 개발을 위한 연구 개발이 특히 많이 이루어지고 있는 분야는 풍력 터빈을 사용하는 방법인데, 풍력을 이용하기 때문에 환경에 미치는 영향은 거의 없다.

토탄
늪지대나 습지 주변, 또는 산소가 부족한 물이 있는 환경에서 무성한 나무가 빽빽이 들어찬 큰 숲이 형성되면, 나무나 나뭇잎이 떨어져 물속에서 쌓여도 박테리아의 활동이 저조해 분해되지 않는다. 이렇게 해서 형성된 토탄에서는 식물의 잔해가 뚜렷이 알아볼 수 있을 정도로 남아 있다.

갈탄
토탄이 물에 쓸려온 찰흙이나 모래로 덮인 뒤 그 위로 나무나 나뭇잎이 새로 떨어져 퇴적하면 그 무게로 인해 토탄층이 눌리게 되는데, 이 상태로 시간이 오래 지나면 토탄층은 무르고 질이 낮은 석탄인 갈탄으로 변하게 된다.

무연탄
갈탄이 더 깊이 밀려들어가면 압력과 온도가 상승하다가 일정한 정도를 넘으면 갈탄이 점차 무연탄으로 변하게 된다. 무연탄은 탄소 함유량이 90%로 석탄 중에서 그 가치가 가장 높다.

제3장
공룡의 시대

지구에 들이닥친 사상 최악의 대재앙은 2억4천5백만 년 전에 일어났다. 하지만 그 뒤에도 바다와 땅에서 생물이 완전히 씨가 말랐던 것은 아니다. 나머지 살아남은 생물은 자연선택적으로 새로이 폭발적인 번식을 통해 세상을 다시 채워 나갈 채비를 갖추었다. 이것이 1억8천만 년 동안 지속되었고 완전히 새로운 두 동물 강(綱)인 포유류와 조류가 나타난 시기인 중생대의 시작이었다. 하지만 땅과 바다, 하늘을 막론하고 지구의 진짜 지배자가 될 동물의 종류는 파충류였다. 파충류는 이미 석탄기에 모습을 드러낸 뒤로 물 밖에서의 생존에 성공한 것이다.

양막난
양막난에는 막이 네 개가 있는데(양막, 난황낭, 요막, 융모막), 모두 충돌과 탈수에서 태아를 보호하고 자양분과 대사 노폐물과 가스가 흘러가도록 해 준다. 파충류가 낳은 알은 단단한 껍질로 싸여 있는데, 이 껍질은 태아를 탈수에서 보호해 주지만 미세한 숨구멍이 뚫려 있어서 호흡이 가능하다.

비늘
파충류의 피부는 분비기관이 없고 비늘로 덮여 있는데, 비늘은 탈수를 방지해 주기도 하지만 몸을 유연하게 하고 민첩하게 이동할 수 있도록 한다. 사우리안이나 뱀은 자라면서 외부 껍질이 허물로 벗겨지는 반면, 거북이나 악어는 동심원을 그리며 자라는 큰 비늘로 덮여 있다. 동심원의 수는 대략 나이와 비례한다.

이동
육지에서 살기 위해서는 물 밖에서 몸무게를 지탱할 수 있고 이동을 쉽게 해 주는 튼튼한 골격 구조로 진화할 필요가 있었다. 파충류 중 많은 목(目)이 몸 옆이 아닌 아래에 수직으로 위치한 다리가 발달하면서 배를 땅에서 들어올릴 수 있는 최초의 척추동물이 되었다.

폐

양서류는 이미 물 밖에서 호흡할 수 있게 해 주는 폐가 발달된 상태였다(아가미로 호흡을 했다면 아가미가 말라 버렸을 것이다). 폐는 피를 지속적으로 공급해서 체내에 공간을 축축하게 유지해 주면서 이 공간을 통해 공기의 드나듦과 함께 산소와 이산화탄소가 교환할 수 있게 되었다. 폐는 파충류에 와서 완전해졌다. 흉곽의 팽창과 압축을 통해 이루어지는 호흡 방식도 파충류에 와서 향상되었다.

물 밖에서의 교미

어류나 양서류와는 달리 파충류의 수정(수컷의 정자와 암컷의 난자의 결합)은 침투를 통해 체내에서 일어났다. 이런 이유로 수정은 땅에서도 일어날 수 있었다.

| 누대 | 대 | 시기 | 기 | 지질학 및 생물학적 사건 |

- 6천5백만 년 전
- 백악기 — 대재앙으로 추정되는 사건으로 인한 공룡의 대량 멸종.
- 1억4천4백만 년 전 — 아프리카와 남아메리카의 분리, 태평양의 형성.
- 쥐라기 — 꽃식물(속씨식물)의 번성, 곤충의 번식.
- 조류의 등장.
- 유럽이 북쪽으로 이동, 대서양이 형성되기 시작함.
- 2억8백만 년 전
- 트라이아스기 — 거대 파충류(공룡)의 지배, 포유류가 최초로 등장함.
- 2억4천5백만 년 전

현생누대 / 고생대

파충류

파충류를 좋아하는 사람은 많지 않다. 우연히 도마뱀이나 뱀을 마주치게 되면 무서워하거나 질색하는 사람이 대부분이다. 하지만 우리는 모두 파충류의 후손이고, 파충류는 아직도 다양한 생태계에서 중요한 역할을 하고 있다. 파충류는 현재까지 약 6,000종이 알려져 있는데, 대부분은 열대나 온대 지역에 살고 있다.

공룡 이외의 파충류

과거의 거대한 파충류라고 하면 보통은 공룡을 떠올리지만, 사실은 그 외에도 많은 다른 무리가 있었다. 예를 들어 펠리코사우르스는 아래 그림에 나오는 디메트로돈과 마찬가지로 등에 큰 부채 모양의 돌기가 나 있었다. 과학계에서는 이 돌기가 체온을 조절하기 위한 라디에이터 같은 역할을 했다고 보는 학자도 있다. 즉 몸을 따뜻하게 할 필요가 있을 때는 이 라디에이터를 펼쳐서 햇볕을 받았고, 날씨가 너무 더워지면 그늘에서 체열을 식히기 위한 도구로 사용했다는 것이다. 하지만 고생물학자 중에는 이 돌기는 수컷 성체가 교미 의식을 할 때 사용했다고 주장하는 사람도 있다.

지식의 최전선

혀로 냄새를 맡는다

파충류, 특히 뱀은 냄새를 맡을 때 코만 사용하는 것이 아니다. 파충류는 날름거리는 혀로 공기 중이나 땅에 있는 냄새 입자를 모아 야콥슨 기관 또는 서골코 기관이라고 하는 특별한 후각 기관에 전달한다. 과학자들은 인간도 코 내부에 이 기관이 있다는 사실을 발견했다. 일부 전문가들은 이 기관이 일반적인 냄새를 감지하는 데 쓰이는 것이 아니라, 성 호르몬과 비슷한 페로몬을 감지하는 데 사용된다고 주장한다. 페로몬은 사람의 감정 상태뿐만 아니라 심장 박동의 리듬을 바꿀 수도 있다.

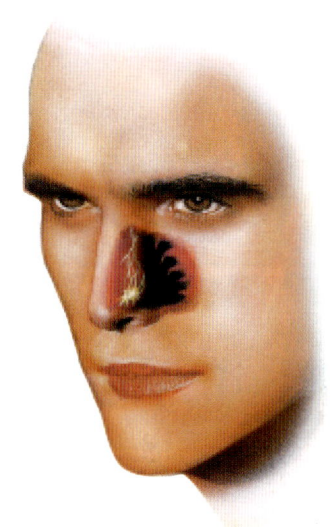

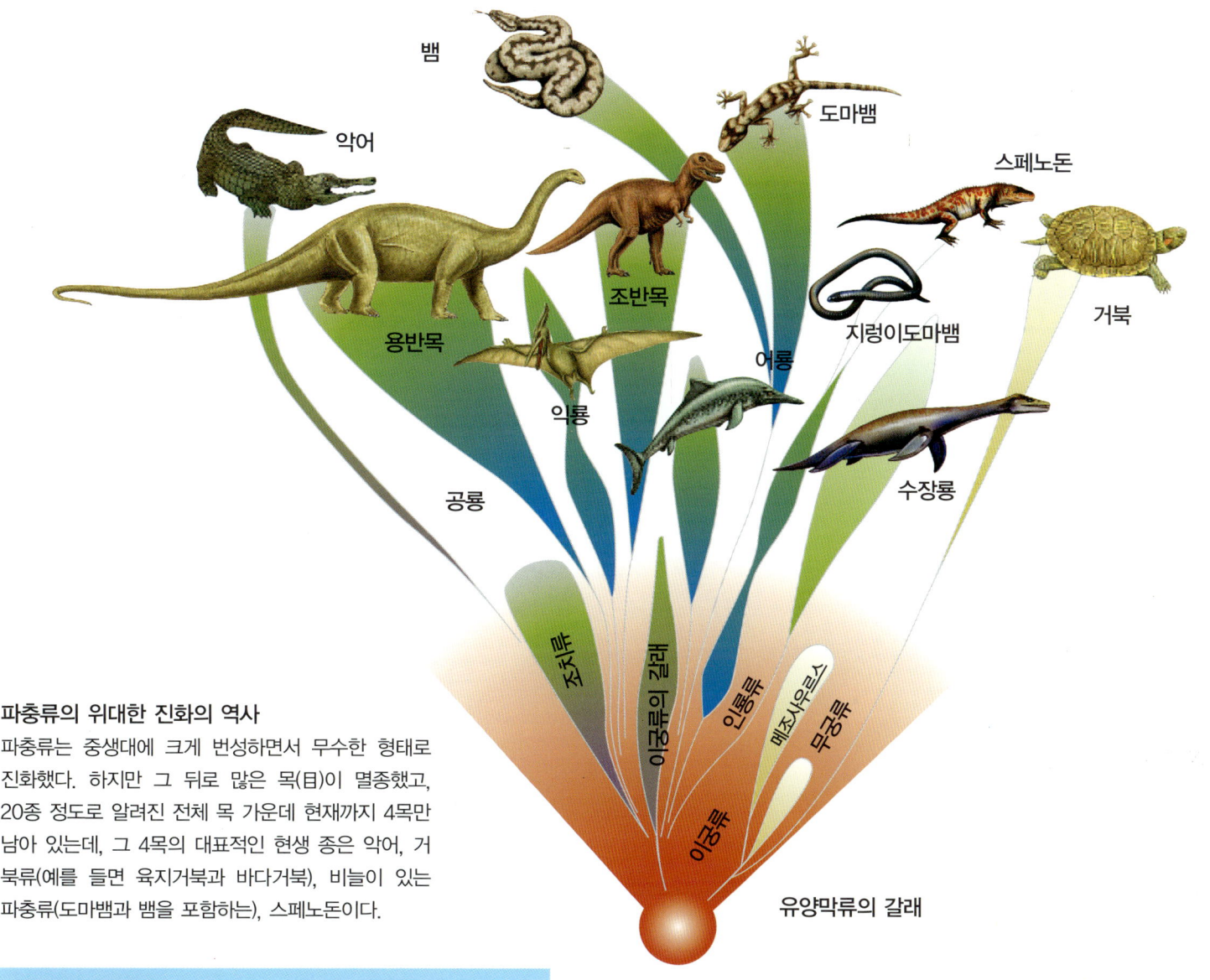

파충류의 위대한 진화의 역사

파충류는 중생대에 크게 번성하면서 무수한 형태로 진화했다. 하지만 그 뒤로 많은 목(目)이 멸종했고, 20종 정도로 알려진 전체 목 가운데 현재까지 4목만 남아 있는데, 그 4목의 대표적인 현생 종은 악어, 거북류(예를 들면 육지거북과 바다거북), 비늘이 있는 파충류(도마뱀과 뱀을 포함하는), 스페노돈이다.

지구의 역사

재앙이 지난 뒤의 생명체

대량의 멸종을 이기고 살아남은 여러 생물이 어떻게 해서 몇백만 년이라는 짧은 기간 내에 분화에 성공해 엄청나게 다양한 형태로 나타나게 되었는지를 이해하려면 '생태적 지위'라는 개념에 대해서 알아 둘 필요가 있다. 생물의 서식지를 생태계 내에 있는 '주소'라 한다면(풀잎, 얕은 해저, 관목 숲 등) 생태적 지위는 해당 환경에서 생물이 하는 '일'이라고 할 수 있다.

참나무를 예로 들면, 그 서식지는 지중해성 식생이나 숲이겠지만, 그 생태적 지위는 해당 참나무가 같은 서식지에 사는 다른 동물들과 관계를 맺으며 행하는 모든 기능이 된다. 즉 참나무가 행하는 빛과 이산화탄소와 물의 흡수, 산소의 방출, 섬유소와 당분의 생산, 물과 무기염의 흡수, 상호 이익을 위한 다른 생물들과의 다양한 상호 작용 등의 일이 참나무의 생태적 지위가 되는 것이다.

어떤 생태계에서 한 종이 멸종하면 그 종은 당연히 지금까지 수행하던 기능과 자원의 이용을 멈추게 된다. 그렇게 되면 남아 있는 생물 간에 경쟁과 돌연변이라는 기제를 통해 비어 있는 지위를 차지하는 생물이 그 생태계에서 유리한 지위를 차지하게 된다. 일단 유리한 지위를 차지한 생물은 시간이 흐르면서 분화하여 과거 멸종한 종이 수행하던 역할의 일부 또는 전부를 대신 수행할 수 있는 새로운 종으로 진화해 가는 것이다. ▶▶

수궁류

수궁류, 즉 '포유류형 파충류'는 7천만 년 동안 지구에 살았다. 턱과 두개골의 구조와 치아의 분화(앞니와 송곳니가 분화됨) 등의 특징을 통해 수궁류가 포유류의 조상이었다는 사실을 추정할 수 있다. 수궁류의 일부는 몸에 털이 나 있었을 것으로 여겨지는데, 이들이 최초의 온혈 동물에 속했을 것이다. 다시 말하면 체온을 일정하게 유지할 수 있었다는 뜻이다.

사나운 포식자
리카에놉스나 키노그나투스같이 수궁류 중에는 육식동물도 있었다. 이것은 이런 수궁류에서 볼 수 있는 긴 송곳니와 날카로운 앞니를 통해 추론할 수 있는데, 피식자를 죽여 살을 찢어내기에 아주 적합한 형태이기 때문이다.

지구의 역사

어떤 종의 멸종으로 비어 있게 된 생태적 지위를 새로운 종이 차지하는 일을 '군체 형성'이라고 한다. 군체 형성이 발생한 것은 중생대였는데, 당시 엄청나게 많은 생물이 사라지면서 비게 된 생태적 지위에 새로운 종들이 나타나 그 자리를 차지했다.

중생대가 시작될 무렵 거대한 판게아 대륙은 기후가 전반적으로 더웠고 해수면은 높았으며 마른 땅, 특히 내륙은 대부분 사막이었다. 식물이 자라는 지역에서는 풀밭이나 꽃이나 과수는 아직 진화하기 이전이었기 때문에 찾아볼 수 없었고, 나무는 대부분 세쿼이아나 남양삼목, 소나무 같은 침엽수였다.

바다에는 암모나이트나 성게, 다양한 종류의 연체동물과 고대 상어, 일부 경골어 등이 살고 있었다. 땅에서는 곤충이 점차 널리 퍼지고 있었고 파리가 처음으로 나타났다. 척추동물 중에는 양서류가 많았다. 라비린토돈트 같은 일부 양서류는 길이가 최대 5m까지 자랐다. 하지만 가장 특이하게 분화된 동물은 파충류였다.

파충류에서 포유류로

돌연변이와 자연선택이라는 기제의 작동 결과 페름기의 대량 멸종 사태로 비게 된 생태적 지위는 대부분 파충류가 차지하게 되었다. 대량 멸종의 결과 특히 한 종류, 즉 수궁류는 개체수가 급감했지만 생존한 나머지 종은 중생대의 상당 시기에 걸쳐 번성했다. ▶▶

얌전한 초식동물

수궁류는 초식동물이 많았고 강력한 턱이 발달해 딱딱한 속새를 씹어 먹을 수 있었다. 페름기의 대재앙이 발생하기 이전에 멸종한 모스콥스는 발가락 다섯 개가 물갈퀴로 연결되어 있었고 늪지대에서 살았던 것으로 보인다. 반면 리스트로사우루스는 긴 엄니 두 개 외에는 없었는데, 초목이 많은 오아시스나 늪지대에 살았고 현대의 하마와 비슷한 생활을 했다.

지식의 최전선

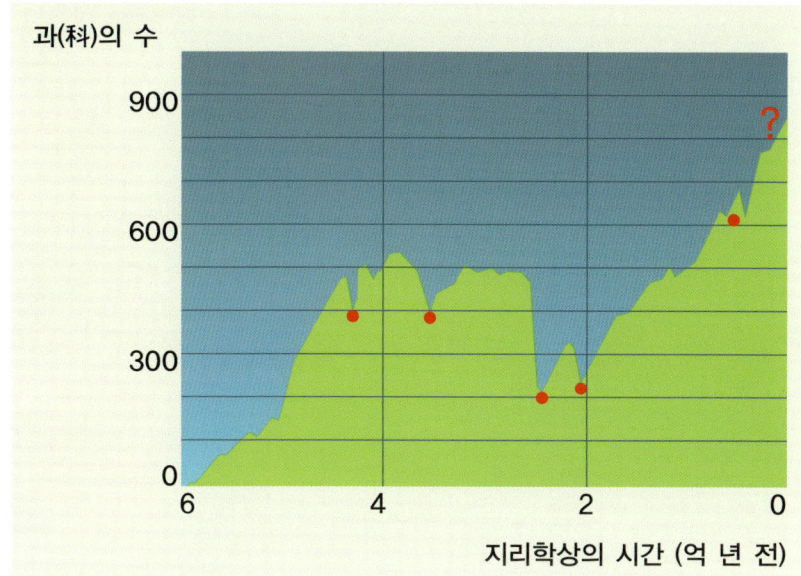

대량 멸종 지금까지 다섯 번, 그리고 한 번 더?

지구상의 생물은 지금까지 평온무사하게만 지내온 것은 아니었다. 생물체는 적어도 열 번이 넘는 멸종을 겪었고, 그때마다 살아남은 종이 분화해 비게 된 생태적 지위를 차지했다. 지구의 역사에는 대량 멸종 사태가 다섯 번 있었는데, 생물학계 일부에서는 현재 여섯 번째 멸종이 진행되고 있다고 주장한다. 이번 멸종은 생물이 적응하지 못할 정도로 지구 생태계를 급격하게 변화시키고 있는 인간의 활동이 직접적인 원인이 되었다는 주장이다. 이 문제에 대해서는 논쟁이 뜨겁지만 결정적인 증거는 아직 없다. 여섯 번째 멸종의 실제 범위는 어느 정도가 될까?

페름기의 대재앙, 하지만 예외도 있었다

페름기의 대재앙에서 모든 수궁류가 다 죽은 것은 아니었다. 모스콥스 같은 일부 수궁류는 그 이전에 멸종했지만, 다른 종들은 트라이아스기를 지나며 번식을 계속해 새로운 종을 생산하기도 했다. 페름기의 대재앙 이후에는 해수면이 후퇴하면서 해양 및 근해의 많은 동물이 멸종했고 광대한 면적의 육지가 사막화되었지만, 다른 많은 척추동물보다는 파충류의 피해가 적은 편이었다.

공룡

파충류 중에서 가장 널리 알려진 공룡은 선사 시대의 '유명인사'라고 할 수 있을 것이다. 공룡은 확인된 속(屬)만 해도 몇백 종류가 되지만 사실은 그보다 더 많았던 것이 확실하다. 고생물학계에서는 공룡의 종을 몇 천 종류로 보기도 하고, 화석은 거의 남아 있지 않지만 오십 만에 가까운 종이 있었을 것이라고 보는 학자도 있다.

먹이 피라미드

어떤 생물이 음식을 에너지로 활용하는 비율이 자신이 섭취하는 음식의 5~20% 정도에 불과하다는 사실을 감안한다면, 어느 생태계든 1차(식물) 생산자는 초식동물(1차 소비자)보다 훨씬 양이 많아야 하고, 1차 소비자는 2차 소비자인 육식동물보다, 2차 소비자는 3차 소비자보다 숫자가 훨씬 많아야 한다.

공룡의 식성

중생대 초기에 주요 1차 생산자는 양치류 구과식물, 소철류 등이었다. 반면 공룡 중에서 1차 소비자는 트리케라톱스, 디플로도쿠스, 이구아노돈 등이 있었고, 2차 소비자에는 민첩한 프로콤프소그나투스와 무서운 데이노니쿠스 등이 있었다. 먹이 사슬의 제일 꼭대기에 있는 3차 소비자는 다른 육식동물도 잡아먹는 대형 육식동물이었는데 유명한 기가노토사우루스가 대표적인 예다.

지구의 역사

이빨과 두개골 구조 등 여러 가지 측면에서 포유류와 유사하다는 이유로 '포유류형' 파충류 또는 '유사 포유류'라고도 하는 수궁류는 상대적으로 청각도 발달하고 이빨도 튼튼하고 뇌도 컸다. 크기는 대체로 들쥐나 개의 크기 정도였지만 종에 따라서는 길이가 4m가 되는 것도 있었다. 일찍감치 온혈 항온성 대사, 즉 주변 환경과 큰 상관없이 체온을 조절할 수 있는 능력을 발달시켰을 것으로 보인다.

수궁류 중에서 키노돈트류의 아목(亞目)에 속한 수궁류는 최초의 진정한 포유류의 조상이 되었다. 하지만 화석이 충분하게 남아 있지 않아서 과도기에 놓여 있었던 이 수궁류가 오늘날의 포유류와 생물학적으로 얼마나 유사한지는 확인하기 어렵다. 즉, 알을 낳는 대신에 새끼를 낳았는지, 그랬다면 어떻게 낳았는지, 또 유선(乳腺)이 있어서 젖을 먹인 종이 있었는지 등이 아직 확실하게 알려져 있지 않다. 예를 들어 약 2억3천만 년 전인 트라이아스기 말과 쥐라기 초 사이에 프로바이노그나투스라는 키노돈트류 수궁류가 무대에 등장했는데, 두개골과 턱이 오늘날의 포유류와 아주 유사했다. 화석으로 확실한 증거가 나오고 있지는 않지만 많은 고생물학자는 프로바이노그나투스가 온혈 동물이었고 털로 덮여 있었다고 본다. 온혈 동물인 수궁류 중 일부는 포유류와 유사한 땀샘까지 발달해 체온을 조절했을 것으로 보인다. ▶▶

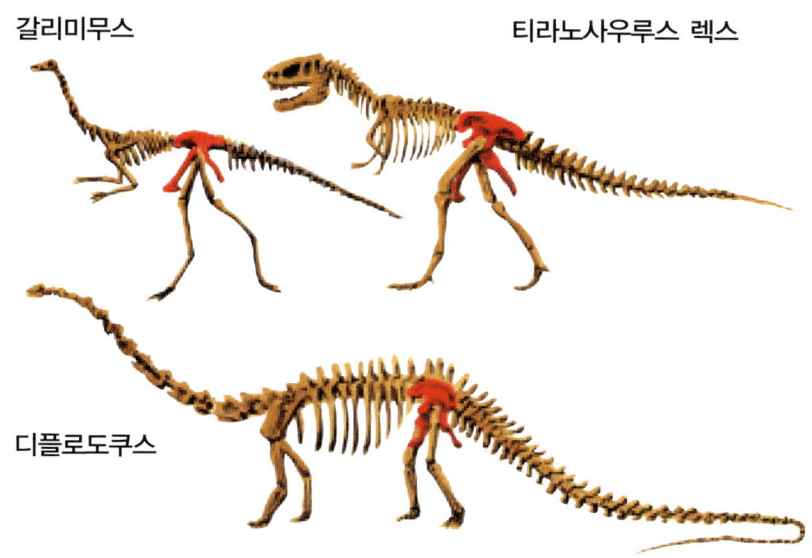

갈리미무스
티라노사우루스 렉스
디플로도쿠스

용반목 동물과 조반목 동물

공룡은 두 개의 큰 목(目)인 용반목(파충류형 둔부)과 조반목(조류형 둔부)으로 분류한다. 용반목은 치골과 좌골(아래쪽 골반뼈)이 떨어져 있고 서로 반대 방향을 가리키고 있다. 용반목에는 이족보행 육식동물(수각아목 공룡)과 사족보행 초식동물(거대 용각류)이 있었다. 반면 조반목은 치골과 좌골이 가까이 평행해 있고 뒤쪽을 가리키고 있다. 조반목은 초식동물로 검룡, 곡룡, 각룡 등이 포함되어 있었다.

트리케라톱스
이구아노돈
디오플로사우루스

힙실로포돈

지식의 최전선

티라노사우루스 렉스, 사나운 포식자인가 아니면 사체를 뒤져먹는 동물인가?

티라노사우루스 렉스는 지구상에 서식한 동물 중 가장 사나운 포식자로 여겨진다. 하지만 실은 다른 동물의 사체만을 먹고 살았을 것이라고 주장하는 사람도 있다. 고생물학자 중 일부는 티라노사우루스의 골격 구조와 몸의 크기와 몸무게로 미루어 보아, 이 공룡이 다른 짐승을 사냥해서 잡아먹기에는 행동이 너무 느렸을 것이라고 추론했다. 반면 얕은 점프를 하고 짧은 거리를 달릴 수 있을 만큼은 민첩했다고 보는 사람들도 있다. 실제로는 사냥을 했을 가능성이 높지만, 그렇다 하더라도 울창한 초목 속에 잠복하는 방식이 고작이었을 것이다.

날개가 있는 공룡

많은 고생물학자에 따르면, 날개는 조류가 등장하기 훨씬 이전에 나타났으며 날기 위해서가 아니라 체열을 유지하기 위해 사용되었다고 한다. 공룡의 화석 중에는 날개와 유사한 흔적이 남아 있는 화석이 많이 있고, 최근 중국에서 발견된 드로메오사우루스의 화석은 날개 층의 흔적을 확실히 보여주고 있다.

공룡의 새끼 돌보기

공룡도 자기 새끼를 보살피고 기를 줄 알았으며, 일부는 상당히 높은 수준까지 '가족적인' 행동을 발달시켰다. 종마다 달랐겠지만 새로 부화된 새끼 공룡은 자신을 방어하거나 스스로 먹이를 찾을 수 없었으므로, 부모 공룡이 새끼가 독립할 때까지 나무 열매나 새순을 먹이면서 보살펴 주었다. 하지만 보살핌의 범위는 공룡의 종류에 따라 크게 달랐다. 예를 들어 육식동물은 새끼에게 아주 어린 시기부터 먹잇감을 사냥하는 방법을 가르쳐 준 것으로 보인다.

알을 지키다

공룡은 자기가 낳은 알을 지켜 보호했을 뿐만 아니라 몸으로 알을 덮어 보호했을 가능성이 높다. 이 가설은 어른 공룡 체구만한 거리를 두고 서로 떨어져 있는 둥지 화석이 다수 발견된 사실이 뒷받침해 주고 있다. 또 화석을 관찰해 보면 어미가 둥지를 떠날 경우에는 나뭇잎이나 나뭇가지로 알을 덮어 보온해 주고 포식자로부터 보호했다는 사실도 알 수 있다.

지구의 역사

땀샘은 아마 처음에는 새끼들이 무기염을 흡수하기 위해 핥았을 것이지만, 나중에는 땀샘이 진화하면서 젖샘의 발달로 이어졌을 것으로 보인다.

하지만 중생대에 지구를 지배한 것은 수궁류도 아니었고, 수궁류에서 진화했지만 1억 4천만 년 이상 지구 무대의 전면에 등장하지 못했던 포유류도 아니었다. 사실 포유류는 새로 등장한 특이한 동물 과(科)로 인해 절멸될 위험에 처해 있었다. 수궁류가 진화해 포유류가 나오고 있던 것과 같은 시대에, 또 다른 파충류 집단인 조치류에서 그 어떤 동물보다 우리의 상상력을 사로잡는 동물, 바로 공룡이 태어나고 있었던 것이다.

'무서운 도마뱀' 공룡의 등장

조치류는 이미 페름기에 나타난 종이었다. 조치류는 현대의 악어와 모습이 비슷했지만 피부 아래에는 골판이 들어 있었다. 페름기의 대재앙에서 살아남은 조치류는 비어 있던 생태적 지위의 상당수를 차지했다. 그러면서 수생 환경으로 돌아가 악어로 진화한 종도 있고, 육상 식물 섭취에 적응해 옛도마뱀목(目)으로 진화한 종도 있었다. 옛도마뱀목 중에서 아직까지도 한 종이 존재하고 있는데 뉴질랜드에 사는 큰도마뱀이다. 공룡은 트라이아스기 말기에 다른 조치류에서 진화했다. 공룡(dinosaur)이라는 말은 그리스어 데이노스 사우로스(deinos sauros)에서 유래했는데, '무서운 도마뱀'이라는 뜻이었다. 하지만 공룡은 발생 초기에는 아마 그리 무섭게 생기지는 않았을 것으로 여겨진다. ▶▶

지식의 최전선

화석을 통한 동물의 행동 연구

공룡을 비롯해 과거에 살았던 동물의 행동은 화석을 통해 추론해 볼 수 있다. 전문가들은 땅에 찍힌 자국과 남아 있는 뼈 골격, 기타 고생물학적 자료 등을 면밀히 연구해 이로부터 해당 동물의 해부학적 구조, 생물학적 특성, 개체적 또는 사회적 행동 양식을 재구성해 보려고 노력한다. 예를 들어 초식 공룡은 집단을 이루어 살았다고 생각되는데, 이는 최근에 발견된, 이동하던 공룡 떼가 남겨놓은 흔적을 보고 제기된 견해다. 흔적 모양을 보면 어린 새끼들은 가운데에 있고 어른들이 새끼들을 보호하기 위해 새끼들 주위를 둥글게 둘러싸고 이동한 것을 알 수 있다

'다정한' 파충류

오늘날에도 파충류가 다 자기 자식을 돌보지 않고 버리는 것은 아니다. 악어의 어떤 종은 어미가 알이 깰 때까지 둥지 주변에 머물러 있을 뿐만 아니라 필요하다면 새끼를 입에 물어 보호하기도 한다.

과학의 개척자와 과학 이야기

이구아나 이빨의 수수께끼

고생물학자 메리 앤 우드하우스 맨텔은 1822년 포유류의 것이라고 보기에는 너무 오래되어 보이는 초식동물의 이빨 화석을 발견했다. 하지만 이 화석을 비교해부학의 창시자인 프랑스의 조르주 퀴비에에게 보이자, 그는 다른 초식 파충류는 알려진 바 없기 때문에 문제의 화석은 포유류가 틀림없다고 확인해 주었다.

이 문제는 메리 앤의 남편이자 역시 고해부학의 선구자인 기드온 맨텔이 남아메리카이구아나의 존재를 알게 되면서 해결되었다. 초식 파충류인 남아메리카 이구아나의 이빨이 그의 아내가 발견한 화석과 유사했기 때문이었다. 그리하여 이빨 화석의 임자인 멸종된 파충류는 이구아노돈, 즉 '이구아나의 이빨'이라는 이름이 붙게 되었다.

주요 공룡 유적지

공룡을 비롯한 거대 동물의 화석은 이미 고대부터 발견되었지만 당시에는 이를 괴물의 잔해라고 여겼다. 중국에서는 이를 '용'이라 생각했고, 고대 그리스에서는 그리스 신화에 나오는 타이탄이나 거인, 히드라 또는 키클롭스의 잔재라고 믿었다. 윌리엄 버클랜드는 1824년에 그 화석이 멸종된 동물과 관계가 있다는 것을 알게 되었고 최초의 공룡 화석, 즉 메갈로사우루스의 화석을 과학적으로 설명했다. 1842년 리차드 오웬은 그 거대 동물 전체 집단을 가리키는 '공룡'이라는 용어를 만들어냈다. 그 뒤로 세계 곳곳에서 공룡 유적지가 발견되었다.

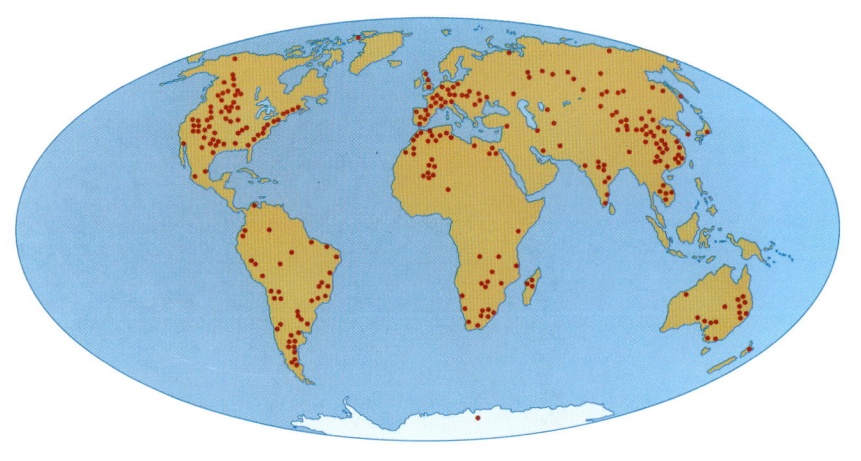

화석의 분포
공룡 유적지는 전세계적으로 몇백 곳이 넘는다. 그 중에서도 가장 볼 만한 유적지가 있는 곳은 몽골의 고비 사막과 아르헨티나의 파타고니아다. 다른 유명한 유적지가 있는 곳으로는 캐나다와 미국의 유타 주와 콜로라도 주에 걸쳐 있는 '공룡 삼각지대'다. 중요한 공룡 화석은 유럽에서도 발견되었는데, 예를 들어 몇백 개나 되는 인상(印象)과 골격 전체가 모두 담겨 있는 화석이 발견된 이탈리아의 프리울리-베네치아 줄리아와 아풀리아가 그 예다.

고생물학의 천국
세계적인 장관을 보여주는 공룡 유적지 하나가 최근 마다가스카르에서 발견되었다. 이곳에서 발견된 귀중한 유적 중에는 2억3천만 년 전의 것으로 추정되며 가장 초기의 공룡의 것이라고 짐작되는 턱뼈 조각을 비롯해 다양한 강(綱)에 속한 많은 동물의 잔재가 있다. 여기서 발견된 유적은 중생대의 생태계를 재구성하는 데 많은 도움이 되었다.

지구의 역사

가장 초기에 속하는 공룡 중에는 에오랍토르가 있는데, 칠면조보다 그리 크지 않고 지능은 더 낮았을 것으로 보이는 두 발로 걷는 작은 공룡이었다. 2억1천3백만 년 전인 트라이아스기 말에는 규모는 작았지만 중요한 멸종 사건이 발생했는데, 어룡을 제외한 해양 파충류, 라비린토돈트 양서류, 키노돈트를 비롯해 당시 존재하던 모든 동물 과(科)의 3분의 1이 멸종했다. 멸종의 원인은 정확히 밝혀지지 않았지만, 바로 이 원인으로 인해 공룡을 비롯해 새로 등장한 파충류가 지구상에 퍼져 지구를 지배하게 되었을 가능성이 있다.

이어진 시대인 쥐라기에는 대륙괴가 분리되었다. 북아메리카는 대략 현재와 같은 모양을 하게 되었고 남아메리카는 아프리카에서 떨어져 나오기 시작했다. 기후는 더 건조해지고 많은 동물이 키 큰 나무에 달린 잎을 따먹기 위해 체구도 키우고 목도 아주 길게 발달시켜야 했다. 디플로도쿠스, 아파토사우루스, 브라키오사우루스 같은 용각류 공룡은 느리게 움직이는 거대한 초식동물로 길이는 27m였고 키는 5층 건물 높이였다. 이들은 지금까지 육지에 살았던 동물 중에 가장 덩치가 큰 동물이었다. 이런 초식동물 중 많은 수가 자갈이나 조약돌을 삼켰는데 이는 '위석'이라고 해서 뱃속에서(근육의 수축을 통해) 음식물을 자르고 잘게 부수는 데 사용했다. 육식동물 중에서도 거대한 크기의 종이 생겨났는데, 예를 들어 알로사우루스의 경우 길이는 12m, 키는 5m에 달했다. 다른 종들은 그보다 작거나 중간 정도의 크기였다. ▶▶

화석을 찾아서

공룡 화석을 찾아내는 것은 어려운 일이다. 고생물학자들은 중생대의 암석층을 찾는 방법으로 당시 바다가 아니었고 퇴적암(석회암, 사암, 진흙 등)으로 구성되어 화석이 형성될 수 있는 조건을 갖춘 지역을 중점적으로 찾아다닌다. 화석을 찾으면 다음 단계는 돌에서 공룡의 잔재를 떼어내는 것이다. 처음에는 곡괭이나 삽으로 땅을 판 다음 잔재에 몇cm까지 다가가면 점점 섬세한 기구를 이용해 나머지 남은 부분을 판다.

백악기 당시 마다가스카르의 하루

백악기 당시 마다가스카르 생태계를 일부 재현해 보면 다음과 같다. 티타노사우루스 한 떼가 강가에서 물을 마시다가 거대한 악어 떼의 습격을 받는다. 곧 이어 라호나비스 속(屬)의 육식 새 한 마리가 날아와 어느 쪽이든 싸우다 죽은 시체를 뜯어먹는다.

지식의 최전선

마다가스카르는 어디서 왔을까?

마다가스카르는 아프리카에 근접해 있기는 하지만 지리적으로 보나 생물학적으로 보나 엄연히 하나의 작은 대륙이다. 전문가 중에는 공룡 화석의 잔재를 증거로 이 섬이 백악기까지만 해도 인도와 남극에 연결되어 있었다는 이론을 지지하는 사람들이 있는 반면, 그보다 훨씬 이전에 분리되었다고 주장하는 사람들도 있다. 누구 말이 옳을까?

익룡과 어룡

중생대에 파충류는 바다에서도 번성했다. 바다에서 산 파충류는 공룡이 아니라 플라코돈트, 노토사우루스, 수장룡, 어룡 등이었다. 이들은 종에 따라 길이가 1.8m 정도 되는 것도 있었고 15m가 넘는 것도 있었다. 한편 파충류는 익룡의 진화와 함께 하늘에도 진출했다. 익룡은 현재의 박쥐(박쥐는 포유류지만)와 비슷하게 얇은 막처럼 생긴 날개가 나 있었다. 익룡 중에는 지금의 펠리컨처럼 물고기를 먹거나 큰부리새처럼 과일을 먹는 종류도 있었고 벌레를 잡아먹는 종류도 있었다.

람포링쿠스
하늘을 날아다니는 최초의 파충류였다. 체구는 참새만큼 작은 것도 있었고 거대한 것도 있었다. 긴 꼬리는 방향타 역할도 하고 비행 중 균형을 잡는 역할도 한 것으로 보인다.

지구의 역사
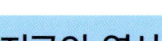

파충류는 하늘도 지배했다. 바로 익룡이 등장한 것이다. 크기는 참새만 한 것도 있었고 군용기처럼 압도적인 크기를 자랑하는 것도 있었다. 한편 공룡이 아닌 파충류 무리 중에는 자기 선조가 떠나온 고향이었던 바다로 되돌아간 무리도 있었다. 넓은 바다에 살면서 물고기와 암모나이트를 먹고 사는 어룡은 이미 중생대 초에 나타난 바 있었다. 그 다음으로 등장한 파충류는 해안 근처에서 이매패류 연체동물을 잡아먹고 살았던 플라코돈트와, 오늘날의 해마와 약간 비슷하게 바닷가 바위 위에 살면서 물고기를 잡아먹었던 노토사우루스였다. 노토사우루스는 목이 길고 발이 오리처럼 물갈퀴가 달린 기묘한 모습의 파충류였다.

주요한 발생 : 깃털과 꽃

쥐라기가 끝나갈 즈음인 1억5천만 년 전에서 1억4천만 년 전 사이에 진화와 관련해 특별한 두 가지 사항이 발생했다. 시조새라는 이상한 공룡, 아니 이제 공룡이라고도 보기 어려운 동물이 나무 위로 날아다니기 시작한 것이다. 깃털이 나 있고 하늘을 날아다닌 동물의 출현이었다. 큰 나무나 공룡에 다소 가려지기는 했지만 생명의 역사에서 근본적으로 중요한 역할을 한 작은 꽃 종류가 대략 이와 비슷한 시기에 최초로 꽃을 피우기 시작했을 것으로 여겨진다. 그것은 결정적인 변화였다. 단 몇백만 년 만인 중생대 말에는 살아 있는 식물의 대부분은 속씨식물, 즉 꽃식물이 차지했기 때문이다. ▶▶

익수룡

익수룡은 람포링쿠스가 사라진 이후에 나타났다. 꼬리는 짧았고 몸 크기는 아주 다양했다. 케찰코아틀루스의 날개 길이는 최소 11m나 되었다.

지식의 최전선

날았나 활공했나

익룡의 날개는 엄청나게 긴 네 번째 발가락을 따라 뻗은 막으로 형성되어 있었다. 과학자들 중에는 익룡의 날개는 마치 우산처럼 접혀서 익룡이 짧은 다리로 땅에서 걸어다닐 수 있었다고 보는 사람이 있는가 하면, 큰 익룡은 땅에 내려앉지 않았을 가능성이 더 크다고 보는 사람도 있다. 익룡의 나는 능력에 대해서는 많은 논쟁이 있는데, 일부 고생물학자들은 익룡 중에서도 가장 큰 종은 날지는 못하고 다만 활공을 할 수 있었을 뿐이라고 본다.

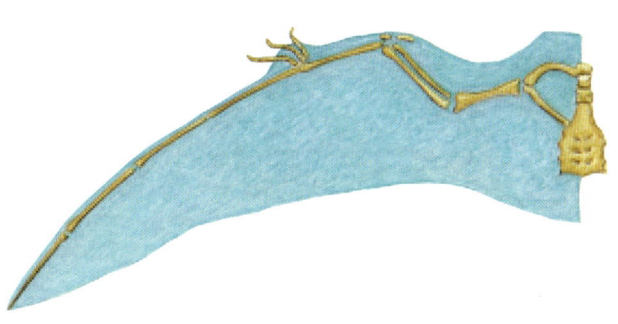

헤노두스

헤노두스는 플라코돈트류 중에서도 특히 이상한 동물이었다. 몸이 뼈처럼 딱딱한 갑각으로 덮여 있어 마치 바다거북 같아 보였다.

어룡

어룡은 앞쪽과 뒤쪽에 모두 지느러미가 나 있던 점을 제외하면 현재의 돌고래와 비슷한 모습의 이상한 파충류다. 태아의 화석이 발견된 것을 보면 어룡은 알이 아닌 살아 있는 새끼를 낳았다는 것을 알 수 있다.

노토사우루스

유럽에서 화석이 발견된 케레시오사우루스는 아마도 몸과 긴 목과 꼬리를 물결치듯 움직여 헤엄을 쳤을 것이라고 추정된다.

수장룡

수장룡, 즉 플레시오사우루스는 그리스어로 '리본 도마뱀'이라는 뜻이다. 이런 이름이 붙은 이유는 간단하다. 목 길이가 몸통과 꼬리를 합한 길이만큼 길었기 때문이다.

공룡의 사냥

공룡은 다양한 사냥 기법을 개발했다. 공룡의 사냥 방법을 재현하는 것은 쉽지 않지만 남아 있는 화석이 어느 정도 도움이 되는데, 특히 피식자와 포식자를 둘 다 포함하고 있는 화석이나 거대한 초식공룡의 뼈에 나 있는 상처나 사냥 과정 전체를 보여 주는 흔적 등이 특히 중요한 자료가 된다. 공룡은 먹잇감을 뒤쫓거나 잠복해 있다가 습격하는 등의 방법으로 홀로 사냥을 한 종류도 있었고, 무리를 만들어 큰 초식동물을 잡거나 작은 무리로 모여 있는 동물을 포위해 잡는 종류도 있었다.

3장 | 공룡의 시대

공룡의 몸은 무슨 색이었을까?
체구가 거대한 공룡은 굳이 자신에게 주의를 끌거나 위장을 할 필요가 없었기 때문에 아마 몸 색깔은 눈에 두드러지지 않는 색이었을 것이다. 작은 공룡은 몸 색깔을 위장한 색이었겠지만, 짝짓기 철이 되면 수컷은 색깔이 있는 줄무늬나 얼룩무늬를 나타냈을 것이다. 독이 있거나 혐오감을 주는 동물은 자신에게 해로운 동물을 쫓아버리기 위해 밝은 색을 띠고 있었을 것이다. 또 밝은 색은 열을 반사하고 어두운 색은 열을 흡수하기 때문에 몸 색깔을 체온을 조절하는 데 사용한 종도 있었을 것이다.

공룡의 지능
고생물학자 중에는 공룡의 IQ까지 가늠해 볼 생각을 한 사람도 있다. 이들은 공룡의 체구 크기와 행동 양식에 대비해 뇌의 크기를 조사해 추론했는데, 그 결과 지능이 가장 낮은 종류는 용각류였고, 가장 높은 종류는 벨로키랍토르와 데이노니쿠스 등이었다.

공룡은 얼마나 오래 살았을까?
공룡의 뼈를 연구해 성장률을 추정해 본 결과 일부 과학자들은 디플로도쿠스나 아파토사우루스 같은 용각류의 수명은 약 200년 정도였을 것이라는 결론을 내렸다. 하지만 이 결론에 대해서는 아직까지도 논쟁이 진행 중이다.

꽃식물의 등장과 개화

진화 과정에서 꽃식물, 즉 속씨식물이 지구상에 등장한 것은 식물의 역사가 시작된 이후로도 3억 년 이상이나 지난 다음이었고, 숲이 생겨난 이후로도 2억 년이 흐른 뒤였다. 꽃식물은 차츰 분화를 거듭했고 백악기 중반 가까이에는 지구 전역에 퍼졌다. 꽃식물의 번식은 기후의 변화에 따라 계절의 구분이 더욱 뚜렷해지면서 촉진되었다. 꽃이 핀다는 것은 놀라운 발전이지만 동물의 도움이 있어야만 제대로 꽃을 피울 수 있었다. 꽃식물은 꽃가루를 퍼뜨리기 위해 온갖 종류의 색깔과 향기와 꽃꿀을 발달시켜 벌레와 다른 동물을 유혹했고, 벌레나 동물도 나중에는 꽃꿀을 이용할 줄 알게 되었다.

중생대의 식물상
중생대가 시작될 무렵 자연의 풍경은 양치류, 소철류, 키카데오이드(멸종), 구과식물이라는 4개 민꽃식물군이 지배하고 있었는데, 이 중 일부는 오늘날까지 거의 변하지 않은 것도 있다. 그 뒤 속씨식물이 꽃을 피우기 시작해 백악기의 끝 무렵에는 지배적인 식물군이 되었다.

지식의 최전선

꽃에 들어 있는 약제 성분

속씨식물의 꽃은 꽃꿀과 향기를 풍기는 물질을 만들어 내지만, 속씨식물은 이뿐만 아니라 독성이 있는 복잡한 화합물로 포식자로부터 자신을 방어하기도 한다. 이런 각종 물질은 약의 재료로 매우 유용하게 사용할 수 있다. 양귀비과에 속하는 일부 꽃에는 모르핀 같은 아편 성분이 들어 있고, 금작화와 디기탈리스(오른쪽 그림)의 꽃에는 심장의 운동을 도와 주는 물질이 들어 있다. 또 가짓과 식물(담배, 감자, 토마토, 가지 등)의 꽃에는 알칼로이드, 환각제, 진통제, 이완제 성분이 함유되어 있다.

세쿼이아
소철류
양치류

3장 | 공룡의 시대

과학의 개척자와 과학 이야기

구과식물의 잎

선사시대의 나무, 은행나무

찰스 다윈이 '살아 있는 화석'이라고 한 은행나무는 은행나무과 나무 중에서 유일하게 현재까지 남아 있는데, 페름기의 것으로 추정되는 화석이 발견된 바 있다. 은행나무는 공룡이 살았던 시대에 육지 대부분의 지역에 있던 종과 거의 동일하다. 동양에서는 은행나무를 재배하기도 했고, 신성한 식물로 또 비옥함의 상징이자 화재 예방의 의미로 우러러 보기도 했다. 씨와 잎은 동양의 한의학계에서 널리 쓰이고 있다.

꽃가루의 매개자 곤충

속씨식물과 곤충은 나란히 진화했다. 식물은 곤충의 종류 별로 각기 다른 꽃을 만들어냈다. 즉 불쾌한 냄새로는 파리를 꾀고, 감질나게 하는 냄새로는 벌을, 화려한 색깔로는 나비를 유인하는 식이다. 나중에 어떤 식물은 가루받이를 위해 곤충을 유인하려고 교묘한 속임수를 개발해 내기도 냈다. 예를 들어 어떤 난초는 꽃꿀이 없기 때문에 그 대신 암벌과 같은 모양을 하고 암벌 냄새까지 풍기는데, 수벌은 이에 유인되어 짝짓기를 하려고 하지만 결국에는 난의 꽃가루만 퍼뜨리게 되고 만다.

지구의 역사

백악기의 주요 혁신

쥐라기 말에 소규모의 멸종이 한 번 더 일어났는데, 이때 스테고사우루스와 다수의 용각류 공룡, 수많은 암모나이트 종과 이매패 연체동물이 멸종했다. 하지만 쥐라기의 뒤를 이은 백악기에는 유명한 공룡인 티라노사우루스 렉스와 그보다 더 크고 더 소름끼치는 기가노토사우루스(몇 해 전에 발견됨)를 비롯해 많은 생물이 새로 등장했다. 초식동물로는 오늘날의 코뿔소와 비슷한 생활을 한 트리케라톱스가 새로 나타났다. 이 시기에는 뱀이 최초로 등장해 오늘날까지 존재하고 있으며 태반 포유류도 처음 나타났다. 조류는 전 지구상으로 퍼져 나갔는데, 지금은 멸종한 이빨이 나 있는 새를 비롯해 현재의 가마우지, 펠리컨, 홍학, 따오기 등과 아주 유사한 종이 많이 등장했다. 목련속, 범의귀속, 가막살나무속, 피쿠스속 식물 같은 꽃식물이 새롭게 나타났고, 그 외에 포플러, 버드나무, 월계수, 플라타너스도 이때 등장했다. 백악기에는 또 나비, 벌, 개미가 처음으로 곤충 왕국에 모습을 드러내기도 했다. 당시 기후는 극지방도 더운 아열대성이어서 전 지구가 숲으로 덮여 있었다. 바다의 수위는 역사상 가장 높은 상태여서 해수면 위로는 큰 섬 몇 개만 보일 뿐이었다. 각 대륙은 서서히 오늘날의 형태를 갖추어 갔다. 하지만 맨틀 위에서 벌어지는 대륙의 이동과 움직임은 격렬할 때가 많아 잦은 화산폭발과 지진으로 지구가 흔들렸으며, 그 결과 거대한 산맥이 여럿 형성되었다. ▶▶

공룡의 멸종

공룡의 멸종 원인에 대해 현재 가장 널리 인정받고 있는 가설은 지구가 운석과 충돌했기 때문이라는 것인데, 이 이론에 대해서도 반대하는 사람이 많다. 과학자 중에는 아무리 큰 운석이라도 운석 하나가 지구에 떨어졌다고 해서 공룡을 비롯해 모든 살아 있는 생물 종의 3분의 2 가까이 멸종한 생태계의 대재앙이 발생했다는 것은 가능성이 낮은 주장이라고 반박하는 사람도 있다. 공룡의 멸종은 그 이전에도 몇 차례 있었던 멸종의 원인으로서, 통상적으로 제시되는 생태계의 급격한 변화 때문일 뿐이라는 것이 이들의 주장이다. 예를 들어 대륙의 분리와 이에 따른 기후 변화로 인해 특정한 생태적 지위가 많이 사라졌고, 공룡이 그 지위를 차지하게 되었던 것이라고 설명하는 것도 가능하다는 이야기다.

핵겨울

공룡의 멸종을 가져왔다는 운석의 충돌이 발생한 뒤 지구는 난폭한 지진과 해진, 폭풍과 산성비를 맞이하게 되었다. 운석 충돌의 여파로 연기와 먼지 기둥이 상층 대기로 치솟아 하늘은 어두워지고 기온은 급격히 떨어져 기후의 균형이 극도로 흐트러졌다. 지구는 몇 년 동안 춥고 어두운 상태에서 벗어나지 못했다.

과학의 개척자와 과학 이야기

대재앙 이론

1978년 미국의 지질학자 월터 알바레즈는 지표 여러 군데에서 발견되는 퇴적암군의 하나인 스카글리아 로사의 점토를 조사한 끝에, 그 점토에 이리듐이 비정상적으로 많이 함유되어 있다는 사실을 발견했다. 이리듐은 지구에서는 매우 희귀하지만 소행성에는 많이 포함되어 있는 화학원소다. 사진의 붉은 점토층은 백악기와 팔레오세의 지질학적 경계선을 나타내며 멸종의 확실한 흔적이 보존되어 있다. 결국 알바레즈는 운석의 충돌로 공룡이 멸종하게 되었다는 자신의 이론을 뒷받침하는 증거를 찾게 된 것이다. 그 뒤 멕시코에 있는 유카탄 반도에서 운석이 충돌해 발생한 것으로 여겨지는 분화구가 발견되었다.

살아남은 생물

운석 충돌론에 따르면, 공룡은 혹독한 '핵겨울'에서 살아남지 못했기 때문에 멸종했다고 한다. 이런 극심한 조건에서 살아남을 수 있었던 생물체는 심해에서 사는 생물과 추위에 강한 식물, 몸무게가 25kg 이하여서 상대적으로 기온의 변화를 견디기 쉬웠던 동물 등이었다.

지구의 역사

이때 생겨난 산맥에는 캘리포니아 주의 시에라네바다 산맥, 미국 서부의 로키 산맥, 유럽의 알프스 등이 있다.

바다에서는 조류(藻類)와 미생물로 이루어진 플랑크톤이 엄청나게 번식했다. 단세포 조류의 어떤 종은 코콜리스라고 하는 작은 타원형의 판으로 이루어진 일종의 구형 석회질 골격을 분비했다. 이 풍부한 조류의 석회질 잔해는 몇백만 년 동안 해저에 가라앉아 쌓였다. 백악기 말에 해수면이 낮아지자 이 침전물은 해안을 따라 거대한 백악질 암석 덩어리로 모습을 드러냈다. 이중 가장 유명한 것이 영국에 있는 도버의 하얀 절벽이다.

광대한 진흙 퇴적물에서는 역시 석회질 껍데기가 있는 유공충이 발생했다. 사실 백악기(Cretaceous)라는 지질학적 시대의 이름은 '백악'이라는 뜻의 라틴어 creta라는 단어에서 온 것이다. 플랑크톤을 이루는 또 다른 요소인 해면이나 방사충 같은 생물은 규산질 침상체나 규산질 껍데기를 만들어냈다. 이런 생물이 죽어 해저에 쌓이면서 처트층이 생겼다.

백악기 말엽에 이르러 해수면이 빠르게 낮아지기 시작하면서 여러 대륙이 다시 물에서 나왔다. 동식물은 새로 드러난 광대한 땅에서 살아갈 준비가 되어 있었다. 하지만 지구는 다시 한 번 대참사를 맞이했다. ▶▶

극지 공룡
화석 유적을 보면 공룡 중에는 극지방 부근의 아주 추운 기온에도 적응하고 살았던 공룡이 있었다는 것을 보여 준다. 이런 공룡은 보통 체구가 작고 확실히 온혈 초식동물이나 육식동물이었던 것으로 추측된다.

지식의 최전선

쥐라기 공원

과학계에서는 DNA 조작을 통해 스티븐 스필버그의 영화 〈쥐라기 공원〉에 나오는 것과 같이 공룡이나 거대한 중생대 파충류로 가득한 공원을 다시 만들어낼 수 있다는 가능성을 부정하지는 않는다. 이 모든 것은 수많은 DNA 복사본을 재생산하는 데 사용되는 유전공학 기술인 유전자 복제를 통한다면 가능한 일이다. 하지만 이런 복제 기술을 활용하려면 유전 물질이 거의 손상되지 않은 상태로 보존된 유기 조직의 화석이 있어야 하는데, 이런 화석은 아직 발견된 적이 없다. 공룡의 재생은 아직까지는 영화에서만 가능할 뿐이다.

조류

공룡이라도 모두 멸종한 것은 아니었다. 많은 과학자들에 의하면, 오늘날의 새는 다름 아닌 공룡의 진화 선상에서 유일하게 살아남은 종류라고 한다. 공룡 가운데 일부는 체온을 유지하기 위해 깃털과 솜털을 발달시켰고, 그러다가 우연히 깃털을 이용해 나무에서 나무로 활강을 하거나 날아다닐 줄 알게 되었다.

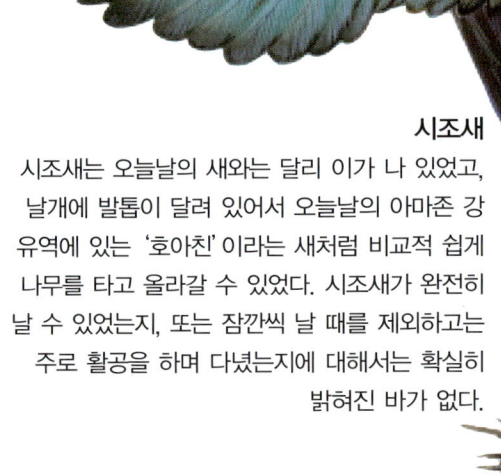

시조새
시조새는 오늘날의 새와는 달리 이가 나 있었고, 날개에 발톱이 달려 있어서 오늘날의 아마존 강 유역에 있는 '호아친' 이라는 새처럼 비교적 쉽게 나무를 타고 올라갈 수 있었다. 시조새가 완전히 날 수 있었는지, 또는 잠깐씩 날 때를 제외하고는 주로 활공을 하며 다녔는지에 대해서는 확실히 밝혀진 바가 없다.

깃털 화석
시조새의 잔재는 조류형 파충류의 화석 중 가장 오래된 편에 속한다. 1861년 독일에서 처음 발견된 왼편 사진 속의 화석은 적어도 1억4천만 년 전의 것으로 보인다. 석회암에서 화석화되어 제일 잘 보존된 이 화석에는 작은 공룡의 골격에 붙어 있던 깃털의 흔적이 선명하게 남아 있다.

지구의 역사

죽어가는 거대 동물

약 6천5백만 년 전에 어떤 사건이 일어나 살아 있는 생물종의 60%가 멸종했다. 이 사건이 멕시코 만에 거대한 운석이 떨어졌다든가 하는 한 가지 원인으로 인해 발생한 것인지 아니면 여러 가지 생태학적 지질학적 요인이 복합적으로 어우러져 발생했는지는 아직 확실하지 않다.

그러나 지금까지 밝혀진 사실은 어룡, 메소사우루스, 수장룡, 그 외에 모든 무척추 해양 동물의 절반 정도(많은 유공충, 극피동물, 연체동물, 모든 암모나이트 등)가 바다에서 사라졌다는 점이다. 하늘에서는 익룡이 멸종했다. 육지에서는 많은 식물이 사라졌고 공룡도 한 종류를 제외하고는 모두 멸종해 화석 형태가 아니고서는 오늘날까지 다시 나타나지 못했다. 당시의 멸종에서 살아남아서 지금까지 존재하는 공룡 한 종류는 그 이전에 깃털이 나 있어서 날아다닐 수 있었던 공룡의 후손이었다. 사실 오늘날의 새는 아마 이 공룡의 후손일 가능성이 높다.

백악기의 대재앙으로 지구에 사는 생물의 수가 다시 한 번 크게 줄었지만, 오랫동안 중심에서 밀려나 있던 작은 생물의 한 강(綱)이 진화하고 널리 퍼지는 길이 열리기도 했다. 이 생물은 크기가 작고 털이 나 있고 소심한 야행성 동물로 숨어서 사는 데 익숙했다. 그러나 동시에 여러 가지로 재주가 많았고 수많은 생태적 지위를 발견해 차지했다. 새로운 시대인 신생대가 개막을 앞두고 있었고, 이제 포유류가 지구를 제패할 수 있는 무대가 마련이 된 것이다.

날개의 발달

조류의 계통도를 따라 정리한 화석 유적을 보면, 아마도 유연한 앞 발목을 이용해 재빠른 먹잇감을 잡거나, 달릴 때 다리를 사용해 균형을 잡다가 앞발이 날개로 진화한 것이 아닌가 여겨진다. 반면 깃털은 원래 체온을 조절하는 역할을 했다.

이빨이 나 있는 조류

이빨이 나 있는 조류는 백악기에 멸종했다. 이들은 주로 해안가에서 살았다. 이크티오르니스는 절벽 위로 높게 날았지만 헤스페로르니스는 나는 법을 잊어버려서 지금의 펭귄처럼 물에 뛰어들어 헤엄을 치며 물고기를 잡아먹었다.

지식의 최전선

철새의 이동

동물학자들은 엄청난 거리를 이동하는 철새의 능력에 대해 아직도 감탄을 금치 못하고 있다. 여러 가지 실험의 결과 철새는 갈 길을 찾기 위해 다양한 정보를 이용한다는 것이 드러났다. 태양이나 별(카시오페이아자리나 작은곰자리를 이용하는 종이 있다고 한다), 지구의 자기장(예를 들어 비둘기는 부리에 철자성 입자가 들어 있어서 지구 자기장을 감지할 수 있다고 한다) 등이 그런 예다. 하지만 철새가 어떻게 이런 정보를 취합하고 활용해서 엄청나게 긴 경로를 (예컨대 북극에서 남극까지 왕복하는 북극제비갈매기처럼) 계산해 내는지에 대해서는 아직 확실하게 밝혀진 바가 없다.

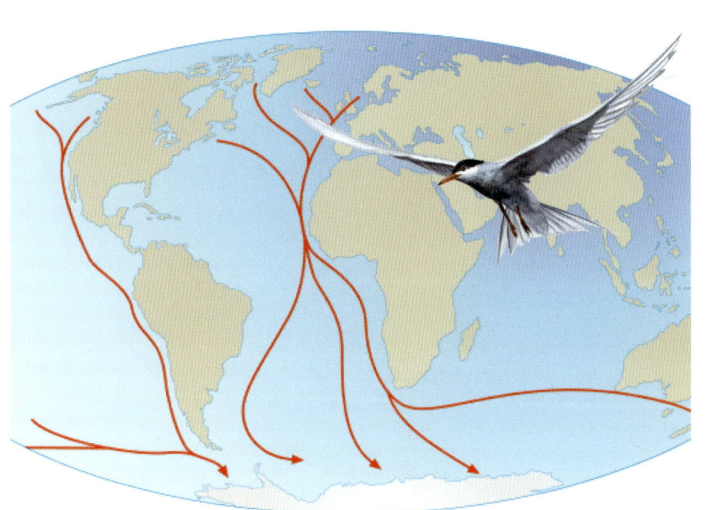

제4장
포유류의 승리

포유류는 공룡이 지구를 지배하는 동안 힘들게 생존을 이어 갔다. 그러나 백악기 말엽 수많은 생물의 멸종으로 황량해진 환경이 되자 포유류는 자신의 경험을 효과적으로 활용했다. 사실 현재의 쥐보다도 크기가 작았던 그 시기의 포유류는 거대한 포식자들을 피하기 위해 갖은 난관을 무릅쓰고 야행성 생활에 익숙한 상태였다. 어쩔 수 없이 선택한 생존의 길이었지만 포유류는 바로 그 덕에 공룡의 멸종 이후 남게 된 빈 생태적 지위를 차지할 유리한 조건을 갖출 수 있었던 것이다.

알에서 부화했나, 새끼를 낳았나?
처음 등장한 포유류는 현재도 오리너구리나 바늘두더지가 그렇듯이 알을 낳았다. 하지만 그 후에 포유류는 어미가 태아에게 태반과 탯줄을 통하여 영양분과 산소를 공급하는 구조를 완전히 갖추게 되었다. 일부 어류나 양서류, 파충류는 이미 그 전부터 새끼를 낳기 시작했다.

코알라

털
이미 중생대에 많은 파충류에서 발달한 털은 포유류가 체온을 조절하는 데 극히 중요한 요소가 되었다. 포유류는 현재 몸에 난 털 덕분에 북극에서 사막에 이르는 다양한 지역에서 살 수 있게 되었다.

주머니에 새끼를 넣어둔 캥거루

딩고

웜뱃

바늘두더지

오리너구리

현대의 포유류

엄청나게 다양한 포유류를 관찰하기에 가장 좋은 곳으로 손꼽히는 곳은 오스트레일리아로, 여기서는 포유류를 물과 육지와 하늘에서 다 볼 수 있다. 유대류, 태반류, 심지어는 오리너구리나 바늘두더지 같은 이상한 단공류 동물도 있다.

쌍안시

초기에 포유류는 주로 시각과 후각이 발달한 야행성 동물로 진화했다. 눈이 머리 옆이 아니라 앞쪽에 있었기 때문에 포유류는 대부분 쌍안시, 즉 원근을 구별할 수 있는 시각적 능력을 갖추게 되었다.

젖

원시 포유류는 젖을 분비하지 않았을 가능성이 높지만, 유선(乳腺)은 이제 포유류에서만 볼 수 있는 고유한 특징이 되었다. 젖에는 지방과 단백질이 풍부해 갓 태어난 포유류 새끼가 엄청난 속도로 자랄 수 있도록 해 준다. 어미는 젖을 통해 새끼에게 항체를 전달하기도 한다.

주머니개미핥기

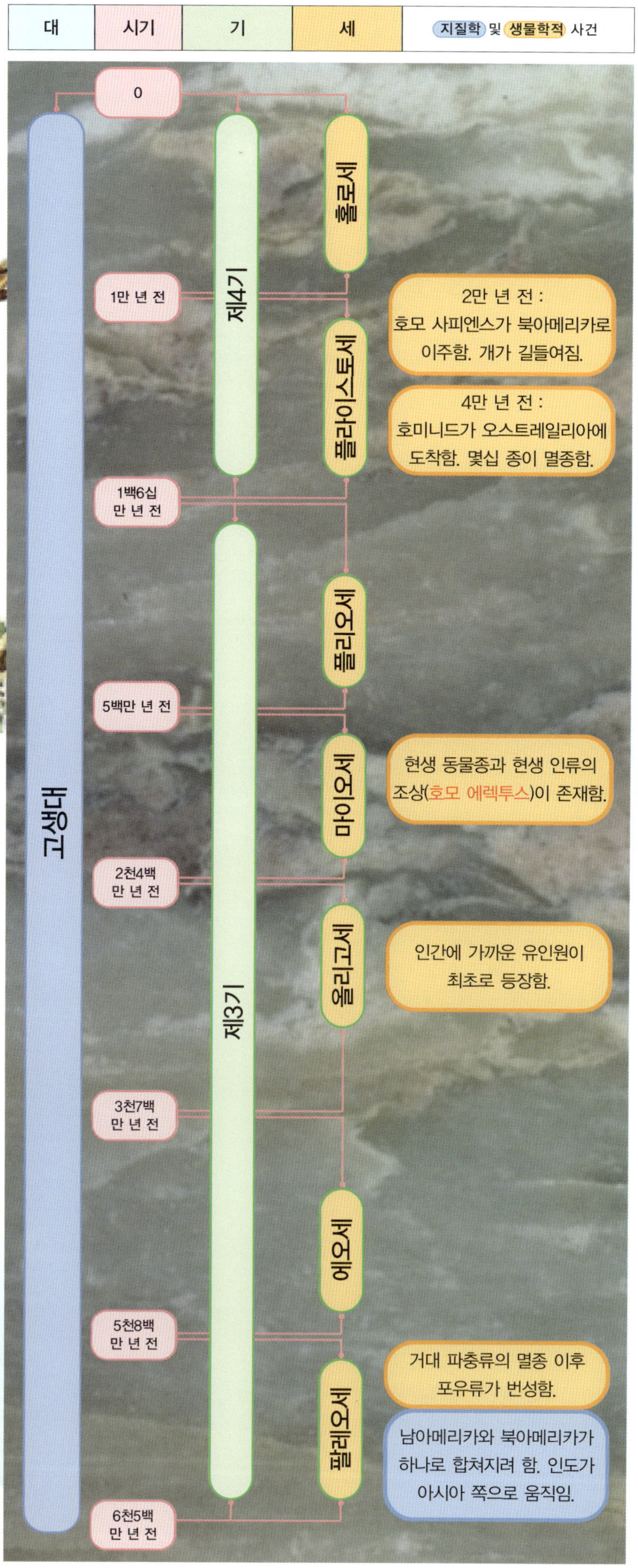

대	시기	기	세	지질학 및 생물학적 사건
신생대	0	제4기	홀로세	
	1만 년 전		플라이스토세	2만 년 전: 호모 사피엔스가 북아메리카로 이주함. 개가 길들여짐.
				4만 년 전: 호미니드가 오스트레일리아에 도착함. 몇십 종이 멸종함.
	1백6십만 년 전	제3기	플라이오세	
	5백만 년 전		마이오세	현생 동물종과 현생 인류의 조상(호모 에렉투스)이 존재함.
	2천4백만 년 전		올리고세	인간에 가까운 유인원이 최초로 등장함.
	3천7백만 년 전		에오세	
	5천8백만 년 전		팔레오세	거대 파충류의 멸종 이후 포유류가 번성함.
	6천5백만 년 전			남아메리카와 북아메리카가 하나로 합쳐지려 함. 인도가 아시아 쪽으로 움직임.

포유류와 적응 방산

포유류는 백악기에 일어난 대량 멸종으로 비게 된 모든 생태적 지위를 이용할 능력이 있다는 점을 입증했다. 고래목 동물 같은 일부 포유류는 물고기와 비슷한 형태로 진화하는가 하면, 박쥐 같은 포유류는 발을 날개로 변형시켰다. 포유류는 과거 대형 파충류에게는 사실상 출입 금지 구역이었던 극지방 같은 극한의 환경까지 진출해서 살고 있다.

포유류의 계보

화석의 증거를 살펴보면 모든 포유류 군은 트라이아스기에 키노돈트류로부터 출발한 진화 선상에서 유래했다는 사실을 알 수 있다. 현대적인 포유류 형태는 백악기에 널리 퍼지기 시작했다. 그보다 기원이 오래된 종은 단공류가 유일한데, 이는 단공류가 아직까지도 알을 낳는다는 사실로 알 수 있다.

과학의 개척자와 과학 이야기

오리너구리

1798년 런던 동물학회의 회원들은 오스트레일리아에서 발견된 이상한 수생 포유류의 가죽을 처음으로 보게 되었다. 동물학계에서는 몇 년 동안이나 논의를 거친 후에야 겨우 그 짐승이 해부학적으로 파충류와 조류의 특징을 많이 공유하는 아주 특별한 포유류라는 사실을 받아들이게 되었다. 학계에서는 그 짐승을 '새 부리'라는 뜻의 오르니토린쿠스, 즉 오리너구리라 명명했다. 같은 목(目)에 속하는 유일한 다른 동물로 바늘두더지가 있는데, 알을 품고 낳아서는 젖을 먹여 기르는 오스트레일리아 호저의 일종이다.

지구의 역사

신생대 포유류의 발달

포유류는 과거에도 그렇고 지금도 온혈동물인데, 이는 극히 다양한 환경에 적응하기 위해 없어서는 안 될 특성이다. 포유류는 약 6천5백만 년 전에 시작한 신생대(가장 최근의 시대)에 크게 번성했다.

지질학적인 측면에서 보면 지구는 현재와 대체로 비슷한 형태를 갖추었다. 아프리카는 남아메리카와 오스트레일리아로부터 떨어져 나갔고 알프스 산맥, 피레네 산맥, 히말라야 산맥, 발칸 반도의 산맥을 비롯해 현재 높기로 손꼽히는 산맥 중 일부가 이때 형성되었다.

신생대 초기의 기후는 현재보다도 더 온난했다. 에오세의 상반기인 약 5천5백만 년 전에는 기온이 올라갔는데 이때가 지금으로부터 지난 7천만~8천만 년 동안 가장 기온이 높았던 세(世)로 여겨진다. 그 후 기온이 떨어지면서 지구는 차가워지기 시작했고 빙하기가 여러 번 찾아오게 되었다.

한편 포유류는 각 대륙에서 여러 가지 모습으로 분화하기 시작했고, 작은 동물들의 크기가 서서히 커져 갔다. 이때 포유류는 세 가지 주요 갈래로 발달했다. 하나는 현재의 캥거루를 포함하는 유대류, 또 하나는 태아가 발달하는 내장기관을 갖춘 태반류, 마지막 하나는 가장 원시적이고 요즘에는 가장 보기 힘든 단공류였다.

지식의 최전선

신비동물학

네스호의 괴수 네시와 같이 존재가 확실하지 않거나 전설적인 동물을 연구하는 학문 분야를 신비동물학이라 한다. 특히 유명한 것은 설인 예티로, 전설의 동물이라는 것이 거의 확실해졌지만 극심한 산악 기후에 적응한, 사람의 사촌격인 거대한 영장류라고 확신하는 사람도 있다. 최근 생물학자 두 사람이 울타리에 걸려 있는 기괴한 털 한 줌을 발견했다고 발표했는데, 이를 DNA로 분석하자 아직 알려지지 않은 포유류 종의 털인 것으로 보인다는 결과가 나왔다.

'무서운 도마뱀'에서 '공포의 새'로

신생대에는 한때 포식성 이족보행 공룡이 차지했던 생태학적 지위를 거대한 조류가 채웠다. 5천만 년 전 북아메리카 지역에서 살았던 디아트리마('공포의 두루미'를 뜻하는 그리스어에서 파생)는 키가 1.8m를 넘었고 거대한 부리와 갈고리 같은 발톱을 하고 있었다. 많은 전문가에 의하면, 디아트리마는 뛰어서 먹이를 추격했고 작은 말 정도 크기의 포유류까지 잡아먹었다고 한다.

완벽하게 보존된 생태계, 메셀 화석 유적

독일의 프랑크푸르트에서 차로 30분 거리에 있는 메셀 피트는 아주 특별한 화석 퇴적층이 있는 세계적인 화석 유적지다. 국제연합 교육과학문화기구(UNESCO, 유네스코)는 이곳을 세계유산으로 선정했다. 이곳에서는 거의 손상되지 않는 상태의 식물과 동물 화석이 10,000개가 넘게 발견되어 고생물학계에서 4천9백만 년 전으로 거슬러 올라가 서로 연관된 생물 군집인 한 생태계 전체를 들여다볼 수 있게 되었다.

열대림
일부 전문가에 따르면, 약 5천만 년 전 메셀 호는 무성한 열대 초목에 둘러싸여 있었다고 한다. 메셀 화석 유적에서는 식물이 야자나무, 포도나무, 양치식물을 포함해 자그마치 65종이나 확인되었다.

천산갑

나무에서 생활한 포유류
포유류 중에는 나무 위에서 사는 생활에 적응한 종도 있었다. 화석이 된 이런 동물의 위 속에서 소화되다 만 음식물이 발견되기도 한다. 일부는 과일을 먹고 살기도 했지만 포식자인 종류도 있었다. 메셀에서는 또한 천산갑, 개미핥기, 다양한 종류의 박쥐, 나뭇잎과 과일을 즐겨 먹은 말도 발견되었다.

영장류 동물

생태계 순환
메셀 화석지의 발견으로 그 당시 생태계를 상세하게 재구성해 볼 수 있게 되었다. 생물은 대개 다음과 같은 순환을 한다. 즉 식물은 태양 에너지를 당분의 형태로 가두어 두는데, 이 당분은 식물이 초식동물에게 먹히고 초식동물은 육식동물에게 먹히는 과정을 통해 차례로 전달된다. 각각의 유기체는 음식과 함께 받아들이는 에너지의 대부분을 소비한 다음, 열의 형태로 방출하고 나머지는 저장한다. 마지막으로 균류나 박테리아 같은 분해자가 죽은 조직에 남아 있는 에너지를 소비한 다음, 이산화탄소와 물 같은 단순한 분자의 형태로 방출하면 방출된 분자는 다시 순환에 참여하게 된다.

비단뱀

개미핥기

말

지구의 역사

부모의 보살핌과 번식 전략

모든 생물이 그렇듯 포유류에게도 번식은 복잡한 문제였다. 만약 진화 과정에서는 자기의 유전자를 가장 잘 번식시킬 수 있는, 즉 가장 많은 후손을 낳을 수 있는 생물이 선택되는 법이라면, 생물이 선택할 수 있는 가장 좋은 전략은 가능한 한 많은 씨나 태아를 만들어 내는 것이라고 흔히 생각하기 쉽다. 하지만 항상 그렇게 되는 것은 아니다. 번식을 하기 위해서는 그냥 자손을 생산한다는 것만으로는 충분하지 않고, 새끼가 성장을 해서 또다시 생산을 해야 하기 때문이다. 이런 이유로 동식물의 재생산 방법에는 두 가지가 있다.

한 가지는 엄청난 수의 자손을 생산해서 이 중에서 소수라도 다시 재생산을 할 수 있는 성체로 자랄 것을 바라는 것이다. 그래서 씨를 몇 천 개나 만들어 내는 식물도 있고, 개구리나 두꺼비 같은 종은 알을 수백 개에서 수천 개까지 낳고, 대구의 암컷은 한 해에 알을 9백만 개나 낳는다. 이런 방법의 장점은 분명하다. 그것은 이렇게 자손을 엄청나게 많이 낳아 놓으면 아무리 환경이 불리하거나 포식자가 많더라도 적어도 일부는 성체까지 자랄 가능성이 많다는 점이다. 하지만 태아를 너무 많이 생산하다 보면 부모가 새끼를 보살필 여력이 없어서 새끼 스스로가 자신을 지켜야 할 상황이 생기게 된다는 것이 단점이다. ▶▶

구과식물 박쥐 수련 야자

지식의 최전선

메셀은 원래 어떤 곳이었을까?

메셀에서는 육지와 바다와 민물에서 사는 동물의 잔재가 모두 발견되었다. 많은 과학자들이 내린 결론에 따르면, 메셀은 약 5천만 년 전에는 호수였고, 메셀이 호수일 때 특정한 지질학적 시기에 바다와 연결되어 있었다는 것이다. 하지만 이 결론에 대해서는 아직까지도 논쟁이 끊이지 않고 있는데, 그것은 메셀이 고생물학의 작은 수수께끼로 남을 만한 요인을 모두 갖추고 있기 때문이다. 즉, 만약 메셀이 열대 지역이었다면, 식물이 많이 발견되기는 했지만 왜 나무의 몸통이나 껍질 또는 뿌리의 잔재는 남아 있지 않으며, 또 만약 메셀이 호수였다면 왜 그 많은 곤충 화석 가운데 잠자리나 모기 같은 수생 곤충 화석은 찾아볼 수 없는 것일까 하는 의문이 남기 때문이다.

육식동물과 초식동물

약 3천7백만 년 전에 있었던 에오세의 빙하기는 포유류의 확산에 중대한 영향을 끼쳤다. 특히 유럽에서는 많은 종이 멸종하고 아시아에서 다른 종들이 들어왔다. 에오세(2천3백만 년 전까지 지속됨)와 올리고세에는 현대의 고양잇과 동물의 선조 외에도 거대한 포유류와 많은 육식동물이 나타났다. 이들 중에는 넓게 펼쳐진 초원을 이용해 되새김질을 할 줄 알게 된 동물도 있었다. 즉 식물에 포함된 섬유소를 소화하는 능력을 얻게 되었다는 뜻이다. 되새김질을 하지 않는 동물은 섬유소를 뱉어내게 되기 때문에 음식의 상당한 양을 낭비하게 되는 셈이었다.

하늘다람쥐
플라네테터리움은 약 4천만 년 전에 사이프러스 숲에서 살았다. 설치류로서 길이가 20cm였고 하늘다람쥐와 많이 닮았다.

엔텔로돈트
목 뒤로 갈기가 솟아 있는 이 동물은 아시아에 있다가 유럽으로 옮겨와 살았다. 길이 2m 가까이 되는 커다란 흑멧돼지 종류였다.

포식성 포유류
늑대와 비슷한 하이에노돈은 육치류로 최초의 육식 포유류 중 하나였다. 4천만 년 전 이전에 지구 전역에 퍼졌다.

지구의 역사

포유류와 조류를 포함한 다른 종은 정반대의 번식 방법을 선택했다. 즉 소수나 극소수의 자손만을 낳아 이를 돌보는 데 많은 힘을 쏟은 것이다. 알에 (식물의 경우 씨에) 영양소를 공급해 주거나 태어난 후에 오랫동안 보살펴 주면서 안전하고 건강하게 자랄 수 있도록 지켜주었다. 이 방법은 당연히 높은 생존율을 보장한다. 하지만 사고나 질병 또는 포식자의 특별히 강력한 공격이 있을 경우, 번식 시기 전체에 걸쳐 낳아놓은 자손이 몰살을 당할 우려가 있었다.

땅과 바다에서는
포유류는 육지에서만 번식한 것이 아니었다. 백악기 후반의 대량 멸종은 바다에서도 마찬가지였기 때문에 포유류 중 일부는 많은 종이 사라진 뒤 비어 버린 바다의 공간을 주저 없이 활용했다.

약 5천만 년 전 돌고래와 고래의 조상들은 육지에서 바다로 들어갔다. 그때로부터 약 2억5천만 년 전 일부 척추동물이 바다에서 육지로 올라온 것과 정반대의 행로였다. 다시 바다로 돌아온 포유류가 바다에서 생활하기 위해서는 오랜 세월 동안 많은 것에 적응해야 했다. 하지만 공기를 호흡하기 위해 가끔씩 수면 위로 올라오는 방법 같은 '요령'을 개발해내 마침내 물속 생활에 적합한 자기 나름의 뚜렷한 특성을 발달시킬 수 있게 되었다. ▶▶

4장 | 포유류의 승리

지식의 최전선

포유류의 거대 동물
아시아에 살았던 인드리코테리움이라는 이름의 이 동물은 육지에 사는 포유류 중 가장 덩치가 컸던 것으로 알려져 있다. 어깨 높이가 4.8m로 그 어느 동물보다 키가 컸다.

광활한 초원

초원에서 바람으로 인해 구부러진 초본식물은 신생대에 와서 널리 퍼지기 시작했는데, 현대의 초본식물은 꽃식물 진화의 산물이다. 이런 식물이 확산된 이유로는 단지 기후의 영향 때문만이 아니라 초식동물의 공격에도 살아남기 위해 계속해서 잎이 자라는 방식을 발달시켰기 때문이라고 보는 과학자도 있다.

브론토테리움
올리고세에 살았던 코뿔소 비슷한 이 거대 동물은 어깨 높이 2.4m, 길이 4.8m, 몸무게 4.5t이었다.

검치호랑이류
검치호랑이류(saber-toothed cats)는 인드리코테리움의 가장 무서운 적이었다. 이름과는 달리 고양잇과에 속한 동물이 아니라 지금은 멸종되고 없는 많은 동물군에 속해 있었다. 이들은 기병이 쓰는 칼인 사브르 모양의 이빨로 먹잇감을 물어뜯는 사나운 포식자였다. 다만 먹잇감을 단번에 물어 죽인 것이 아니라 먹잇감이 출혈로 죽기를 기다렸을 가능성이 더 높다.

초기의 영장류

땅에 있는 위험을 피하기 위해 나무로 올라간, 작은 설치류를 닮은 고대 영장류 동물은 나무 서식동물로서 빽빽한 초목 사이를 곡예사처럼 뛰어오르고 기어오르고 달리는 데 적합한 특징을 갖추게 되었다. 앞쪽에 위치한 눈과 뭉툭한 코가 그런 특징의 예인데, 이는 나무 위에서 생활하기 위해서는 시력이 후각의 발달보다 중요했다는 사실을 보여 준다. 영장류는 처음에는 벌레를 잡아먹고 살았지만 나중에는 과일이나 나뭇잎을 먹는 법도 알게 되면서 식성이 바뀌었다.

푸르가토리우스
이 동물은 모든 영장류의 선조로 간주된다. 이미 나무를 기어오르는 데 적합한 앞발목과 뒷발목이 나 있었다(이 동물의 뒤를 잇게 되는 모든 동물의 전형적인 특징). 앞발톱은 없었지만 뒷발톱은 나 있어서 나무를 오를 때 나무껍질에 발톱을 박아 넣어 나무를 단단히 움켜쥘 수 있었다.

과학의 개척자와 과학 이야기

마다가스카르의 이상한 작은 사람

여우원숭이는 잡종처럼 생긴 겉모습과 인상적인 눈빛으로 인해 사람들의 호기심을 불러일으키는 동물이다. 여우원숭이 중에서 어떤 종은 새벽녘과 해질 무렵에 영역 표시를 위해 날카로운 소리를 내며 나무 사이를 돌아다닌다. 일찍이 마다가스카르에 온 탐험가들은 여우원숭이(lemur)가 내는 소리에 겁을 먹고 그 소리가 '레무리(lemuri)'의 소리라고 생각했는데, 레무리는 고대 로마에서 떠돌아다니는 유령을 가리켜 부르던 말이다. 여우원숭이는 마다가스카르 원주민의 전설에도 많이 등장한다. 예를 들면 여우원숭이 중 가장 체구가 큰 종인 인드리스 종은 '작은 사람'이라는 뜻의 바바코토라고 불린다. 원주민들 사이에서는 이 외에도 인드리스는 새끼를 돌볼 것인가 아닌가를 정하기 위해서 부모 중 어느 한쪽이 다른 한쪽에게 새끼를 던지는데, 만약 새끼를 받지 못해 새끼가 땅에 떨어지면 다시 거두지 않고 그대로 내버려 둔다는 이야기도 전한다.

지구의 역사

포유류가 육지와 바다에 퍼지는 동안 기후 변화가 또 한 번 일어나 지구상에 있는 생물에게 영향을 끼쳤다. 지구는 점점 추워져 기온이 최초로 급격하게 떨어진 것은 에오세와 올리고세 사이인 약 3천7백만 년 전의 일이었다. 기후도 점점 건조해져 숲이 줄어들면서 광대한 초원 지대가 생겨났다. 이런 환경 변화로 많은 원시 포유류가 멸종했지만, 키 작은 식물을 먹는 말이나 다른 초식동물을 비롯한 새로운 포유류가 그 자리를 채웠다. '초원의 시대'라고도 알려진 이 시기는 2천6백만 년 전부터 약 7백만 년 전까지 지속되었는데, 오늘날 알고 있는 식물의 종류 중에서 대다수가 발생했던 시기였다.

마이오세는 지금 우리가 보기에는 기이하게 생긴 동물뿐만 아니라 오늘날의 동물로 여겨질 만한 많은 동물이 평원에 등장한 시기였다. 지구에 퍼진 포유류 중에는 영장류도 있었는데, 바로 마지막 영장류인 인류의 가장 오래된 선조였다.

최초의 영장류부터 인류까지

인류와 현대의 유인원을 비롯해 모든 다른 영장류는 아마도 7천만 년 전인 백악기 후반 숲에서 살았던 작은 포유류의 자손일 가능성이 높다. ▶▶

프로콘술 아프리카누스

2천2백만 년 전에서 1천6백만 년 전 사이에 살았던 프로콘술 아프리카누스는 아마도 침팬지, 고릴라, 오랑우탄 같은 덩치 큰 고등 유인원과 사람의 마지막 공통 조상이었을 가능성이 크다. 메리 리키는 1948년 아프리카 빅토리아 호수 한가운데에 있는 섬에서 프로콘술 아프리카누스의 잔해를 발견했다.

루시

370만 년 전에서 280만 년 전 사이에 서아프리카의 사바나 지역에는 원시 호미니드 중 가장 널리 알려진 종인 오스트랄로피테쿠스 아파렌시스가 살고 있었다. 이 종의 화석 중에서 큰 화석은 약 320만 년 전의 것으로 추정되는 여자의 골격으로 '루시'라는 이름이 붙어 있다. 비틀즈의 유명한 노래('다이아몬드와 함께 하늘에 있는 루시')에서 이름을 따온 루시는 1974년에 에티오피아의 하다르에서 발견되었다. 루시는 직립한 자세로 걸었고 다른 비슷한 동물들과 함께 흔히 '이족 보행 침팬지'로 알려져 있기도 하다.

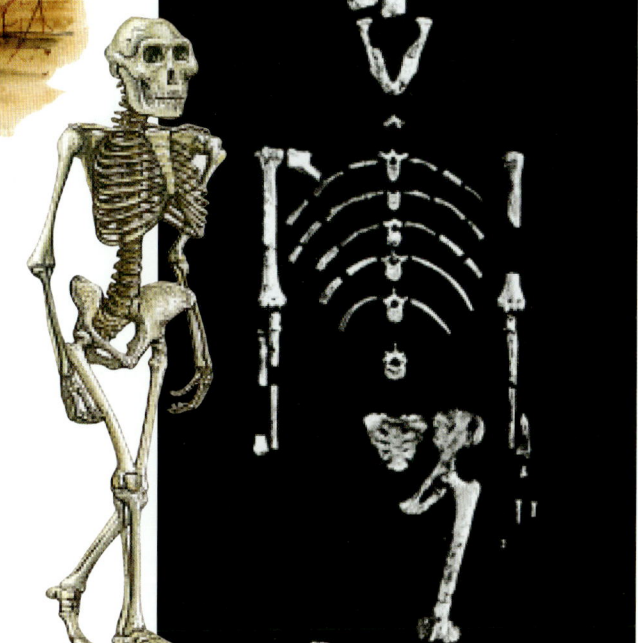

사람 속(屬)

호모 사피엔스는 지난 3만5천 년 동안 지구상에서 자신의 속(屬)을 유일하게 대표하는 생물이었다. 하지만 그 전에는 수많은 호미니드 종이 발생하고 공존하고 경쟁했다가 사라져 갔다. 지구의 역사에서 여러 시기를 함께한 그들은 인간의 진화가 한 종에서 다른 종으로 단선적으로 변화한 과정이 아니었다는 사실을 입증해 준다. 호모 사피엔스는 호미니드의 진화계통수 맨 꼭대기에 있는 종이 아니라, 유일하게 아직도 살아 있는 작은 갈래일 뿐이다. 일부 과학자들에 따르면, 인간은 언어를 사용하게 됨으로써 과거의 직접적인 경쟁자들에 대해 엄청난 경쟁 우위를 누릴 수 있게 되었다고 한다.

납작 얼굴을 한 사람
2001년 초 고생물학자 미브 리키가 발견해 분석한 케냔트로푸스(케냐의 납작 얼굴 호미니드)의 두개골은 현생 인류의 직계 선조인 아직 알려지지 않은 호미니드의 두개골인 것으로 보인다. 거의 350만 년 전의 것으로 추정되는 이 두개골은 이제까지 손상되지 않은 채로 발견된 유인원류 두개골 중에서 가장 오래된 것이다.

공존
약 180만 년 전에는 적어도 네 유형의 호미니드가 같은 환경에서 살았다. 그들이 어떤 관련을 맺고 살았는지는 아무도 모르지만, 케냐 북쪽의 투르카나 호수 주위에서는 네 유형인 호모 하빌리스, 호모 에르가스터, 호모 루돌펜시스, 파란트로푸스 보세이가 모두 공존했다.

과학의 개척자와 과학 이야기

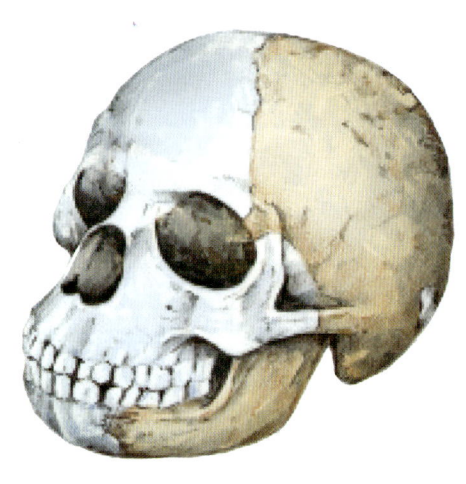

필트다운인 조작 사건
1911년 아마추어 고생물학자인 찰스 도슨은 영국의 필트다운에서 인류 두개골의 유적을 발견했다고 주장했다. 많은 과학자들은 이 두개골을 완벽하게 재조립해 몇 해에 걸쳐 연구했다. 튼튼한 치아와 크고 넓은 두개골은 상당한 크기의 뇌를 담고 있을 수 있었을 것이고, 따라서 사람들은 발달된 인류의 선조가 이미 먼 옛날부터 존재했으며 이 두개골은 네안데르탈인 이전 시대의 것이라고 믿게 되었다. 이런 믿음은 1953년에 이 두개골이 조작된 것이라는 사실이 밝혀질 때까지 계속되었다. 두개골은 현생 인류의 것이었고 턱뼈는 사람을 닮은 에이프의 것이었다.

4장 | 포유류의 승리

인류의 조상

최초의 영장류부터 현생 인류까지 이어진 길은 결코 단선이 아니었다. 진화의 노선은 푸르가토리우스부터 다양하게 갈라져 제각기 진화의 정도를 달리하며 진행되었다. 인류는 침팬지와 오랑우탄, 그리고 사람을 닮은 다른 에이프와 함께 현재까지 가장 대표적으로 진화에 성공한 경우다.

지식의 최전선

진화와 지능

특히 어린 시절에 뇌가 발달하고 기능을 수행하기 위해서는 사용 가능한 에너지의 상당한 비율이 필요하다. 새로 태어난 아기의 경우 뇌의 무게는 몸무게의 10%에 불과한데도 모유를 통해 공급받은 에너지의 60%가량을 소비한다. 이렇게 모유 형태로 공급하는 에너지의 양은 지난 몇천 년 사이에 줄어들어 그 결과 뇌의 크기가 감소한 것으로 여겨진다. 일반적인 생각과는 반대로 인류의 뇌는 지난 2만 년에 걸쳐 점점 작아진 것으로 보인다.

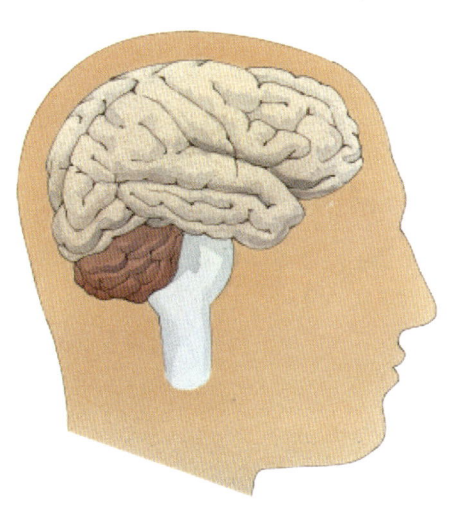

지구의 역사

영장류의 선구자는 푸르가토리우스(이 화석이 발견된 미국의 퍼거토리힐에서 이름을 따옴)로 모습이 다람쥐와 닮았고 땅 위의 위험을 피하기 위해 나무에서 살고 있었다. 이 조그마한 '숲의 곡예사'에서 지금 지구를 지배하는 호모 사피엔스가 나왔다는 사실은 놀라울 따름이다. 이는 믿어지지 않지만 사실인 것으로 보인다. 하지만 인류의 진화 과정을 재구성하는 것은 화석 기록 중에서 시간적으로 빈 곳이 있기 때문에 쉽지 않은 일이다. 하지만 전체적인 윤곽은 이제 상당히 확실해졌다. 공룡이 멸종한 직후 푸르가토리우스의 자손은 많은 종으로 분화해 유럽, 아시아, 북아메리카 등지로 퍼져 나갔다. 이런 선조 영장류에서 현대의 마다가스카르 여우원숭이나 아프리카와 동남아시아의 안경원숭이 같은 나머지 프로시미안(영장류의 두 아목 중 하나. 다른 하나는 에이프)이 나왔다. 최초의 에이프는 약 3천만 년 전에 모습을 드러냈다. 에이프는 프로시미안과 비교하면 손과 발의 파지력이 더 뛰어났고(나뭇가지나 물체를 더 잘 쥘 수 있었고) 체구가 더 컸으며 지적 능력이 더 발달되어 있었다. 에이프가 발달하던 것과 같은 시기에 아프리카는 지각판의 운동을 통해 아메리카에서 떨어져 나갔다. ▶▶

아프리카를 벗어나다

가장 널리 인정받고 있는 이론에 의하면, 인간의 조상은 아프리카에서 태어나 거기서부터 다른 지역으로 퍼져 나갔다고 한다(아프리카 기원설). 다른 곳으로 이동해 간 이유는 기후로 인해 발생한 어려움 때문인 것으로 보인다. 아프리카 사막에서는 건조기에 사냥감이 거의 없어져서 선사시대의 인류는 다른 곳에서 먹을거리를 찾아야만 했고, 먼저 중동으로 이동했다. 호모 사피엔스는 약 10만 년 전 중동에서부터 지구 전역으로 끊임없는 이주를 시작했다. 하지만 어떤 단계를 거쳐서 전 지구에 확산되었는지는 지금도 확실하지 않다. 예를 들어 아프리카에서 진화한 생물 종의 수와 이들이 언제부터 퍼져 나가기 시작했는지에 대해서는 불확실한 점이 많다.

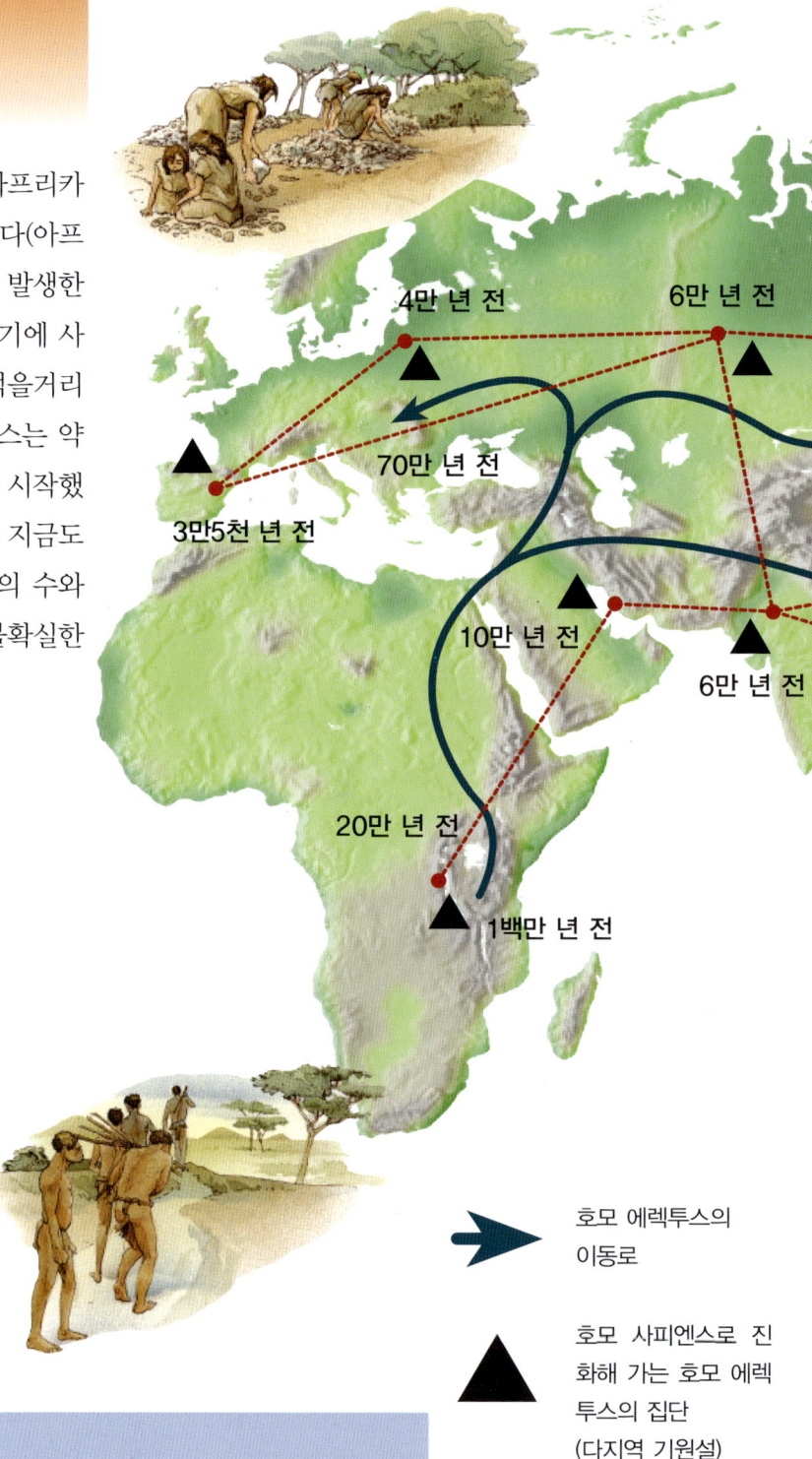

다지역 기원설

현생 인류의 기원에 대해서는 아프리카 기원설 이외에 다른 가설도 있다. 지역적 연속성 이론으로 알려진 이 가설에 따르면, 인류는 호모 에렉투스로부터 시작해 다양한 인구 집단이 세계 각지에서 따로 발달했다고 한다. 이 집단들은 각각 독립적으로 진화했지만 유전자 교환을 계속했고, 그러다가 마침내 호모 사피엔스가 나타나게 되었다는 것이다.

최초의 이주자들

옆 지도는 현대 호모 사피엔스의 기원에 대한 아프리카 기원설과 다지역 기원설을 비교해서 보여 준다. 최근의 연구 결과는 전자를 뒷받침하는 듯하지만, 아프리카에서 다른 곳으로 이동하는 인류의 움직임이 생각보다 훨씬 더 이전에 이루어졌음을 시사하는 새로운 자료가 나와 다시 논란의 여지가 생겼다.

과학의 개척자와 과학 이야기

대홍수

최근 많은 학자들은 세계 각지에 존재하는 대홍수의 신화가 어떤 사건을 계기로 생기게 되었는지 알아내기 위해 노력하고 있다. 대홍수 신화는 아마도 메소포타미아에서 발생한 대규모 홍수나 빙하기가 종료된 이후 해수면의 상승, 또는 약 7,600년 전 흑해의 범람에 대한 사람들의 기억이 전해져서 생긴 것으로 보인다.

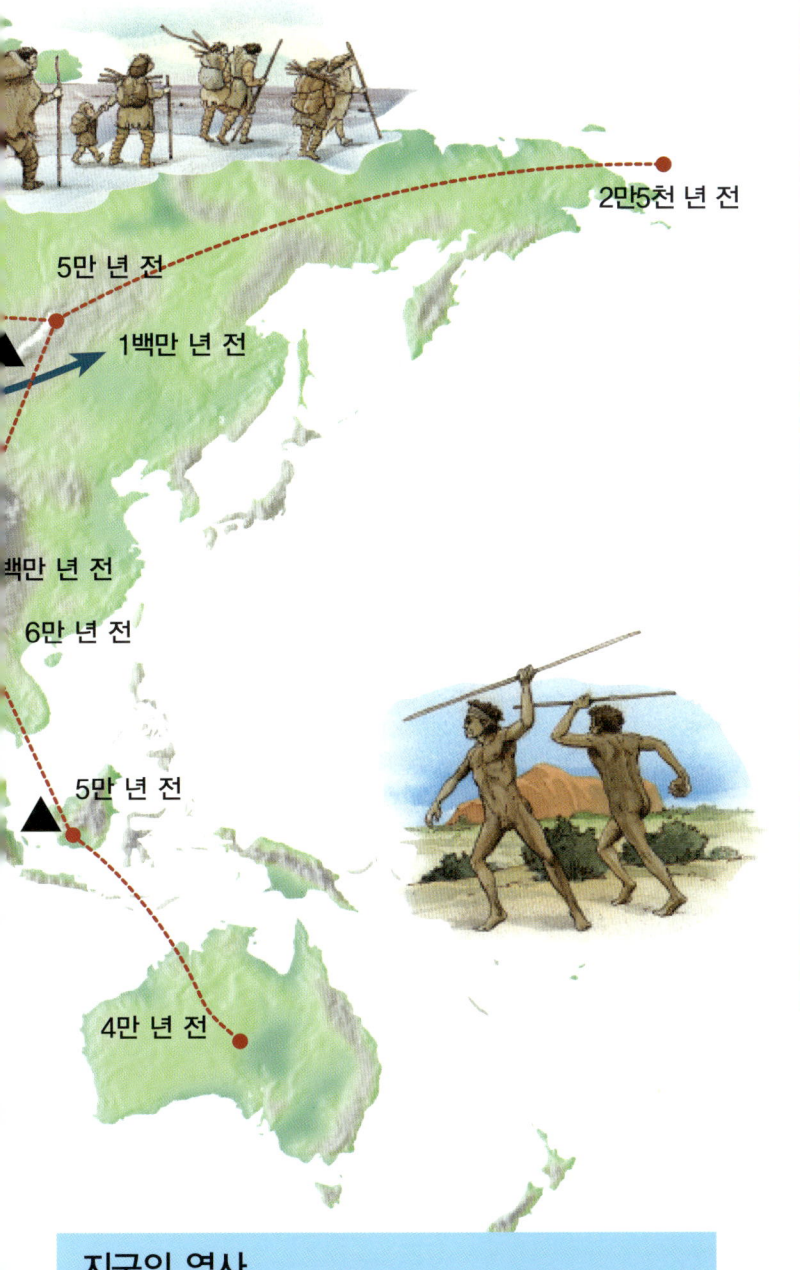

지식의 최전선

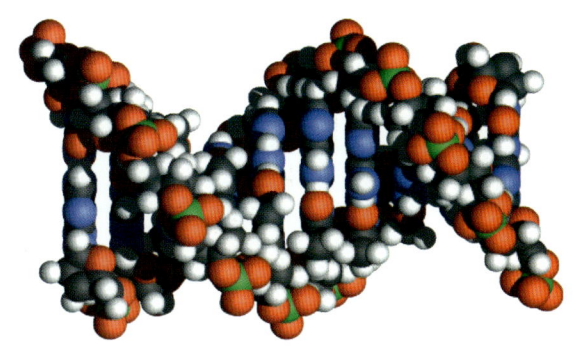

미토콘드리아 DNA

유전학은 고인류학의 많은 미해결 문제에 대해 답을 주는 극히 효과적인 현대적 수단이 되었다. 예를 들어 현생 인류의 기원에 대한 연구는 미토콘드리아 DNA의 분석을 바탕으로 한 방법으로부터 엄청난 도움을 받았다. 미토콘드리아 DNA는 미토콘드리아라고 하는 세포 소기관에 들어 있다. 모체로부터 유전되며 변이가 매우 느리게 일어나기 때문에 미토콘드리아의 유전자는 '분자시계'로 간주할 수 있게 된다. 사실 적어도 모계 유전에 관한 미토콘드리아의 유전자에는 해당 생물체의 유전적 역사가 정확히 기록되어 있다고 할 수 있다.

지구의 역사

화석의 증거를 통해 보면 에오세와 올리고세에 접어들 무렵, 영장류 중 일부는 나란한 두 개의 가지로 나뉘어 진화했다. 하나는 남아메리카 에이프의 조상인 광비원류와 아프리카 에이프의 조상인 협비원류였다. 협비원류는 또 다른 여러 개의 가지로 나뉘어졌다. 라마피테쿠스는 이런 가지 중 하나에 속한 동물로 보이는데, 이 영장류는 1천 5백만 년 전의 동물로 오랫동안 인류의 가장 오랜 조상으로 간주되었으나, 지금은 인간의 진화계통수에서 갈라져 나간 다른 갈래에 속할 가능성이 더 큰 것으로 여겨진다. 이런 초기 동물 사이에는 어떤 상관관계가 있는지, 또 4백만 년 전의 상황은 어떠했는지에 대해서는 알려진 바가 거의 없다. 기록으로 남아 있는 증거에도 시간적으로 빈 곳이 많아서 전문가들은 새 화석이 많이 발견되어 남아 있는 많은 문제를 해결할 수 있게 되기를 바라고 있다.

가장 큰 불확실성은 바로 360만 년 전까지 계속된 시기에 살았던 인류의 직접적인 조상에 관한 문제인데, 이 시기는 아르디피테쿠스 라미두스가 처음으로 모습을 드러낸 때다. 이 영장류는 침팬지와 매우 비슷했고 아프리카 동부의 광대한 사바나 지역에서 살았다. 또 그때로부터 얼마 지나지 않아 전세계로 퍼지게 될 호미니드의 대표적인 특징, 즉 이족보행을 이미 하고 있었다. 아르디피테쿠스 라미두스는 똑바로 서서 걸을 줄 알았다. 이 능력은 우리가 잘 알고 있는 인류의 첫 번째 조상 오스트랄로피테신의 두드러진 특징이 되었다. ▶▶

빙하기

우리가 사는 현 시대인 제4기의 기간에 얼음이 다섯 차례에 걸쳐 대륙의 대부분을 뒤덮었다. 이때마다 엄청나게 낮아진 기온은 생명의 발달에서 중요한 역할을 했다. 예를 들어 빙하기가 있었기 때문에 아직도 생태적 지위가, 즉 생물종이 다른 위도보다 열대 지방에 훨씬 더 많다고 볼 수 있다는 것이다. 실은 적도 근방과 같이 얼음으로 덮이지 않은 지역에서는 생물이 분화될 시간이 충분했을 것이다. 각각 다른 기간에 추위에 시달렸던 다른 지역에서는 동식물이 다른 곳으로 이동할 수밖에 없었고, 기후가 다시 따뜻해지고 나서야 원래 지역으로 되돌아올 수 있었다.

빙결의 흔적

과거에 있었던 빙결의 범위를 알아보려면 빙하에 밀려 운반된 물질의 양을 보면 된다. 예컨대 뉴욕 옆에 있는 롱아일랜드의 경우는 빙퇴석 하나로 이루어져 있다.

과학의 개척자와 과학 이야기

마지막 빙하기

19세기 전반 스위스의 지질학자인 루이 아가시즈는 과거에 북유럽이 두꺼운 얼음층으로 덮여 있었다는 사실을 처음으로 알아냈다. 원로 학자들은 처음에는 그를 믿지 않았고 그의 생각을 놀림감으로 여겼다. 과학계의 회의적인 태도에 맞서 아가시즈는 그리 오래되지 않은 과거에 북유럽뿐만 아니라 영국의 상당 부분, 캐나다, 미국 북부까지도 몇 킬로미터 두께의 얼음으로 덮여 있었다는 결정적인 증거를 수집하기 위해 당시까지 아무도 정복하지 못했던 여러 산의 정상에 오르기도 했다.

지구의 역사

오스트랄로피테쿠스계 에이프는 앞발로 받치지 않고 뒷다리만으로 걸을 수 있었기 때문에 손이 자유로워서 물건을 옮기거나 도구를 사용하거나 사자나 다른 포식자가 먹다 남긴 시체를 치우거나 할 수 있었다. 약 250만 년 전 오스트랄로피테쿠스 아프리카누스의 한 무리에서 침팬지보다 인간에 더 가까운 인류가 나오게 되었다. 이것이 바로 호모 하빌리스로, 다양한 목적에 효과적으로 쓰였던 돌찍개를 처음으로 만든 호미니드였다.

150만 년 전에는 호모 에렉투스가 등장했다. 호모 에렉투스는 불을 피우고 거주지를 지을 줄 알았다. 호모 에렉투스 이후에는 호모 사피엔스가 출현했는데, 이들은 3만5천 년 전까지 유럽을 지배했던 다른 호미니드 무리인 네안데르탈인과의 경쟁에서 이겨 자기 종의 입지를 튼튼히 할 수 있었던 것으로 보인다. 네안데르탈인은 1856년 자기 종의 화석이 처음 발견된 독일의 네안데르 계곡에서 이름을 따와 붙인 이름이다.

호모 사피엔스는 제4기에 있었던 다섯 차례의 빙하기 중 마지막 다섯 번째 빙하기인 이른바 뷔름빙기 동안에 전 지구상으로 퍼져 나갔다. 인류는 문화적 적응이라는 고유한 능력을 개발함으로써 1만 년 전까지 지구에 영향을 끼쳤던 혹독한 기후를 극복할 수 있었다. ▶▶

4장 | 포유류의 승리

빙하의 이동

빙하는 중력의 힘에 끌려 아래쪽으로 이동하며 마치 거대한 샌드페이퍼 조각과 같이 주위 지형을 '긁으면서' 지나간다. 빙하는 시속 1.8m의 속도로 움직이고 지나간 길에는 수많은 흔적을 남긴다. 그런 흔적 가운데 하나는 빙퇴석으로, 빙하의 밑바닥과 양옆에 많은 물이 모여 쌓인 퇴적물이다.

지식의 최전선

열 추적으로 살펴본 과거

과학자들은 각 지리학적 시대의 평균 온도와 그 기온에 따른 기후의 양상은 어떠했는지 알아보기 위해, 고대의 온도를 추정할 수 있는 여러 가지 방법을 고안해 냈다. 이를 위한 두 가지 뛰어난 지표는 식물의 잎 모양(기온이 높으면 잎이 넓어지고 추우면 좁아진다)과 석회암에 함유되어 있는 산소 동위원소의 양이다.

호모 사피엔스의 무기

마지막 주요 빙하기인 뷔름빙기는 여러 빙하기 중에서도 가장 혹독했던 것으로 보인다. 뷔름빙기는 7만 년 전에 시작해서 불과 1만 년 전에 끝났는데, 그때는 호모 사피엔스가 이미 모든 대륙에서 살고 있던 때였다. 당시 빙원이 북아메리카 북쪽 절반(적어도 뉴욕까지)과 아시아의 대부분, 남쪽으로 알프스에 미치는 유럽 북부를 모두 뒤덮었다. 인류는 뷔름빙기의 마지막 단계에 널리 퍼졌다. 이들 초기 인류는 복잡한 사냥 전략을 개발할 수 있는 상당한 사고 능력 덕분에 아주 어려운 환경 속에서도 살아남을 수 있었던 것으로 보인다.

초기 유럽인
이들은 무리를 지어 살았고 주된 먹을거리로 사냥감을 추적하며 돌아다녔다.

옷
호모 사피엔스가 번성할 수 있었던 비결 중 하나는 바로 동물 가죽을 꿰매어 옷을 만들어 입는 능력이 있었다는 점이다. 바늘이라는 비범한 발명품이 없었더라면 그들은 추위를 이길 수 없었을 것이다.

사람이 만든 거주 환경

인간에게는 거대한 자연 환경 외에도 자신이 만든 새로운 '서식지', 즉 현대 도시가 있다. 하지만 도시가 단순히 사람들이 거주하는 오염된 곳인 것만은 아니다. 도시는 또한 지붕에 낀 이끼에서부터 맹금류와 곤충, 철새, 양서류와 파충류에 이르기까지 많은 생물이 살면서 번식하는 곳이기도 하다.

위험한 외래종?

어느 지역에 외래종 생물이 들어오게 되면(유럽의 도시나 공원에 들어온 회색다람쥐 같은) 해당 지역에서 자생종이 멸종하는 주요 원인이 된다. 생물의 다양성은 지금 극히 어려운 시기를 지나는 중이다.

시기	사건
1999	세계 인구 : 60억 명.
1985	오존층의 구멍이 급격히 커짐. 주요 국제 환경 조약 체결.
1975	세계 인구 : 40억 명.
1970	오존층의 구멍을 발견함.
1950-2000	대규모의 삼림 벌채. 대량 멸종. 생물의 다양성 보호를 위한 국제적 사업 실시. 온실효과가 커져 지구 전체의 문제가 됨.
1930	세계 인구 : 20억 명.
1909	유럽 최초의 국립공원이 스웨덴에서 설립됨.
1871-72	세계 최초의 국립공원인 옐로스톤 국립공원이 설립됨.
1825-50	세계 인구가 10억 명에 도달함.
1750-1800	산업 혁명. 철도 건설과 석탄 생산 등을 위한 집중적인 삼림 벌채. 세계 인구가 증가함. 이산화탄소 방출과 온실효과가 시작됨.
1400-1600	인쇄술의 발명. 과학 혁명.
11세기	인구 증가가 가속화됨.
3,500~2,000년 전	철기 시대.
5,000~3,500년 전	청동기 시대.
6,000~5,000년 전	메소포타미아에서 최초로 도시가 생성됨.
12,000~11,000년 전	메소포타미아에서 신석기 혁명이 일어남. 가용 식량의 양이 증가하고 삼림 벌채가 시작됨. 인구가 증가함. 많은 동물을 가축으로 길들임.

작지만 능숙하다

인간이 거둔 성공에도 불구하고 곤충이나 미생물 같은 작은 생물이 지금도 그렇지만 앞으로도 지구의 진짜 지배자가 될 것이다.

생물권과 생물의 다양성

우주에서 생명체가 존재하는 곳으로 알려진 유일한 장소는 지구의 생물권, 즉 물과 공기와 흙으로 이루어진 두께 20km 정도 되는 층이다. 이 층은 지구의 전체 지름(12,000km 이상)과 비교하면 매우 얇지만 수없이 다양한 생물이 살기에는 충분한 곳이다. 최근 몇십 년을 지나면서 이 생물의 다양성이 인간의 생존에 아주 중요하다는 사실이 명백해졌다.

생물권
생물권은 위로는 소수의 곤충이나 미생물밖에는 살 수 없는 상층대기(해발 약 9,700m)부터 아래로는 밑으로 가라앉은 유기물을 분해할 수 있는 생물 몇 종밖에는 서식하지 않는 해양의 최저심해(수심 약 11,000m)까지 펼쳐져 있다.

과학의 개척자와 과학 이야기

아일랜드의 대기근

1846년부터 1850년까지 아일랜드를 강타한 대기근으로 인해 기아로 125만 명이 사망하고 피난민이 2백만 명 가까이 발생했다. 이 대기근은 기생균이 퍼지면서 시작되었는데, 이 균으로 인해 5년 연속으로 감자 농사가 완전히 황폐화되다시피 했다. 대기근은 생물의 다양성을 유지해야 한다는 일종의 경고로 볼 수도 있다. 만약 당시 감자의 품종이 다양했더라면, 또 만약 사람들이 거의 감자만을 주식으로 삼지 않았더라면 대기근의 재앙을 피할 수 있었을 것이다.

지구의 역사

수많은 서식지에 사는 동물

생물 중에는 자기가 사는 환경을 변경할 수 있는 생물이 많다. 예컨대 어떤 식물이나 나무는 뿌리를 통해 땅에 화학 물질을 분비해 다른 종이 사는 것을 방해하거나 지원하기도 한다. 산호 폴립은 거대한 산호초를 형성해 다른 생물이 살 수 있는 서식지를 제공해 준다. 벌이나 개미는 복잡하지만 효과적으로 설계한 축소판 '도시'를 만들어 엄격한 사회 구조로 조직화된 수많은 개체가 거주한다. 비버는 개울의 흐름을 바꿀 수 있는 댐을 건설해 인공적인 미시환경을 만들어낸다. 하지만 인간이야말로 주위 환경의 특성을 아주 훌륭하게 이용하고 환경을 극단적으로 변화시켜 지구의 구석구석 모든 곳을—열대우림부터 고산악지까지, 사막에서 남극이나 북극의 빙상에 이르기까지—거주지로 만들 수 있는 능력이 있는 유일한 생물이었다.

인간의 활동은 환경에 지워지지 않는 깊은 자취를 남겼다. 육지 대기, 강과 바다, 심지어 남극의 빙원까지 인간의 영향이 미친 흔적을 보여 주고 있다. 인간의 활동은 지구 밖에서도 볼 수 있다. 밤에 인공위성에서 지구를 관찰해 보면 인간의 활동이 그 어떤 때보다 분명히 드러난다. 즉 도시의 위치를 알려주는 수많은 노랗고 하얀 불빛, 유정의 위치를 말해 주는 몇백 개의 빨간 점, 숲이나 초원에서 피우는 많은 불 등을 볼 수 있다. ▶▶

5장 | 인간과 지구

어류강 및 척색동물강 : 18,800종

편형동물문 (납작벌레) : 5,000종

파충류강 : 6,300종

곤충강 : 950,000종

포유강 : 4,000종

생물의 종은 몇 가지나 될까?
지구상에 생물 종의 숫자가 정확이 얼마나 되는지는 확실하지 않지만, 대략 곤충강(綱) 1백만 종, 조류 9,000종, 포유류 4,000종 등을 포함해 약 150만 종이 있는 것으로 알려져 있다. 생태학자 중에는 그보다 1천만 종이나 3천만 종, 심지어는 1억 종이 더 있을 것이라고 보는 사람도 있다.

자포동물문 (산호, 해파리) : 9,000종

연체동물문 : 50,000종

조류강 : 9,000종

선충강 : 12,000종

환형동물문 : 12,000종

극피동물문 (성게, 불가사리) : 6,100종

해면동물문 : 5,000종

곤충류가 아닌 절지동물강 (갑각류, 거미류, 다족류) : 124,000종

양서류강 : 4,200종

지식의 최전선

생물의 다양성 중심지

1988년 영국의 생태학자 노먼 마이어스는 전세계에서 생물이 가장 다양한 지역을 파악하기 위한 몇 가지 기준을 제안하면서 그런 지역을 '생물의 다양성 중심지'라고 표현했다. 그가 사용한 주요 기준 중 하나는 고유종, 즉 해당 지역 외에 다른 지역에는 살지 않는 종의 숫자였다. 가장 중요한 중심지는 마다가스카르와 필리핀, 보르네오, 브라질 동부 해안과 카리브 해에 있다. 이들 지역은 모두 전체 면적의 90% 이상이 이미 황폐화된 점으로 보아 위험성이 높은 서식지라 할 수 있다.

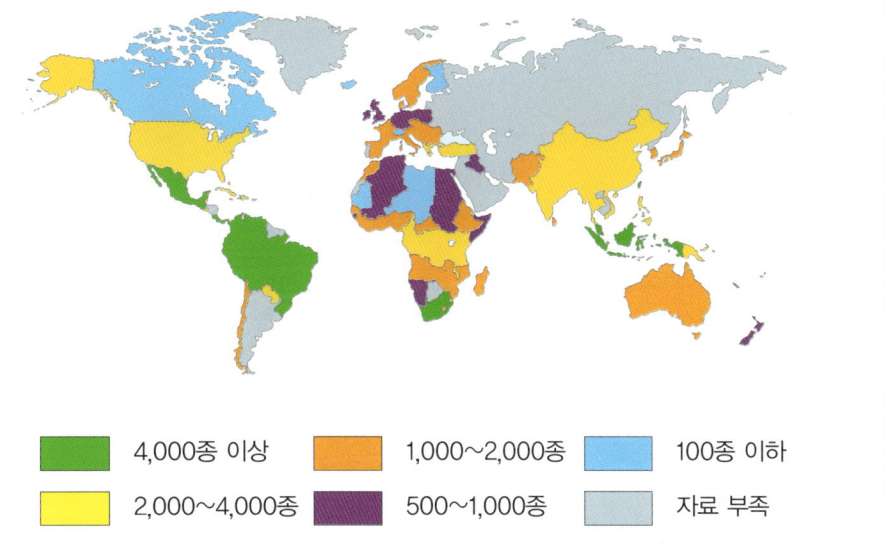

- 🟩 4,000종 이상
- 🟨 2,000~4,000종
- 🟧 1,000~2,000종
- 🟪 500~1,000종
- 🟦 100종 이하
- ⬜ 자료 부족

생물권의 순환

인간을 비롯한 모든 생물을 구성하는 물질은 끊임없이 움직이고 있다. 이 물질은 호흡이나 소화 또는 분해 작용을 통해 생물 사이를 옮겨 다니거나 생물에서 땅이나 대기, 물로 이동한다. 물질은 물과 탄소, 무기염 등이 전 지구를 이동하면서 거대한 순환을 하고 있다.

탄소의 순환

식물은 대기에서 이산화탄소를 흡수한 다음 이를 이용해 광합성을 통해 당을 만들어 낸다. 하지만 식물은 호흡을 통해 즉각 이산화탄소의 일부를 다시 내보낸다. 동물은 섭취한 식물을 통해 탄소를 흡수한다. 동물은 이렇게 흡수한 탄소를 일부는 신체 조직을 위해 사용하고, 나머지 중 일부는 호흡을 통해 이산화탄소의 형태로 대기 중으로 내보낸다. 균이나 박테리아 같은 분해자는 오물이나 죽은 생물을 먹고 흡수한 탄소를 역시 이산화탄소의 형태로 대기 중으로 되돌려 보낸다.

지구의 역사

인간은 자신의 목적에 맞도록 자연 환경을 조성하는 외에도 거대한 인공 생태계를 건설할 수 있는 능력이 있다. 도시와 단일 재배 체계가 가장 두드러진 예이다.

도시 생활

도시는 단지 집과 건물을 모아놓은 곳뿐만 아니라 완전히 발달한 생태계도 포함하고 있는 곳이다. 이때 생태계란 물질과 에너지의 복잡한 교환을 통해 결속된 유기체의 군집이 형성하고 있는 기본적인 생태 단위를 말한다. 도시에는 인간뿐만 아니라 인간과 함께 하는 생물종(바퀴벌레, 생쥐, 쥐 등)도 살고 있다. 건물 지붕에는 이끼가 끼어 있고(이끼는 공기와 빗물의 오염도를 알려주는 유용한 징표가 되기도 한다) 길가나 잔디밭, 건물 벽에는 이끼 또는 잔디나 쐐기풀 같은 작은 초본식물이 산다(이런 식물은 무척추동물의 숙주 역할도 하고 나비 애벌레의 먹이가 되기도 한다). 또 도시에는 양서류나 파충류도 많이 산다. 열대나 온대 기후대에 위치한 도시에 사는 도마뱀이나 도마뱀붙이는 테라스나 정원에 사는 수많은 벌레를 먹고 살며, 도시의 공원에는 분수나 연못 근처에 두꺼비나 개구리, 청개구리부터 때로는 초록도마뱀, 거북, 작은 뱀까지 살기도 한다. 주요 도시 지역에서는 예외 없이 새떼도 볼 수 있다. 예를 들면 갈매기는 도시 생활에 적응해 쓰레기 더미에서 먹이를 찾을 뿐만 아니라 가끔은 쓰레기 더미에서 밤을 지내기도 한다. ▶▶

해양에서 볼 수 있는 무기물의 순환

육지에 풍부하게 존재하는 무기염은 용해된 다음에는 강에 실려 바다로 들어간다. 바다에 도착한 무기물은 식물 플랑크톤을 구성하는 해양 미생물에 흡수되고 그 다음으로는 식물 플랑크톤을 먹고사는 어류나 고래, 기타 동물로 전달된다. 이런 동물들이 죽어서 분해가 되면 무기염은 해저에 침전되는데, 그 중 일부는 열류로 인해 다시 순환에 참여하고, 또 일부는 바다 생물을 먹는 바닷새나 인간으로 전달된다.

물의 순환

물은 매일 평균 500㎥의 양이 대기로 들어가고, 비슷한 양의 물이 땅으로 되돌아온다. 바다와 강, 호수의 물은 햇빛을 받으면 증발하는데 그 수증기 중 일부는 대기 중으로 올라가다가 응축해 구름이 된다. 비나 눈, 우박이 되어 떨어지는 물 중에서 일부는 지하나 지표면을 통해 바다로 흘러내려가 물의 순환의 일부를 이룬다. 또 일부는 식물이나 동물, 기타 생물에 흡수된 다음 증발이나 발한, 호흡, 연소 등을 통해 수증기의 형태로 다시 방출된다.

지식의 최전선

이산화탄소의 방출

토탄(석탄 형성 과정의 첫 번째 단계)이 많이 묻혀 있는 지역을 토탄지라고 하는데, 토탄지는 거의 북유럽이나 시베리아, 알래스카처럼 추운 지역에서 발견된다. 토탄지에서는 이산화탄소가 다량으로 생성되지만 이런 지역에서는 지표면이 얼음으로 덮여 있기 때문에 이산화탄소가 공기 중으로 방출되지는 않는다. 하지만 어떤 연구 의하면, 자연적으로 생긴 이 얼음 보호막은 만약 지구 온난화가 계속된다면 그 효과를 잃게 될 것이라고 한다. 빙상이 녹으면 현재 토탄층에 갇혀 있는 막대한 양의 이산화탄소가 대기 중으로 방출될 것이라는 이야기다.

주요 자연 환경

어떤 환경의 생태적 지위의 구조와 그 환경에 사는 생물의 유형은 해당 지역의 기후와 화학적 조성에 결정적인 영향을 받는다. 지리적으로 떨어진 두 지역이라도 환경적 특징이 서로 같다면 그 두 곳에서는 동일한 기본 유형에 속한 생태계가 발달할 가능성이 높다. 이런 기본 유형을 생물군계라고 한다. 같은 생물군계에 속한 생태계에서는 비슷한 생태적 지위가 나타난다. 또 지역이 달라도 같은 생물군계라면 자기들끼리는 서로 관련이 없어도 진화의 결과로 구조와 생리 기능과 행동이 서로 유사한 종이 나타나기도 한다.

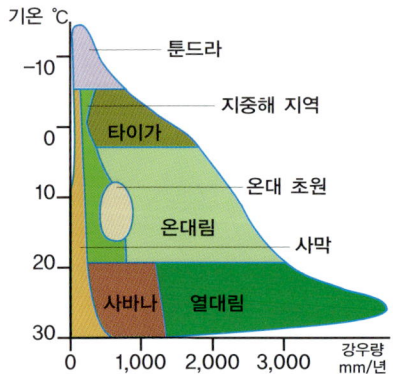

생물군계와 기후

특정한 지리적 지역에서 형성될 생물군계의 유형을 결정짓는 가장 중요한 두 가지 요소는 기온과 강우량이다. 사막은 그래프에서 보듯이 열대나 한대 지방에 있으며 강우량이 극히 부족한 특징이 있다. 열대 지방에서는 강우량의 차이에 따라 어떤 지역이 사바나가 될 것이냐 열대림이 될 것이냐가 결정된다.

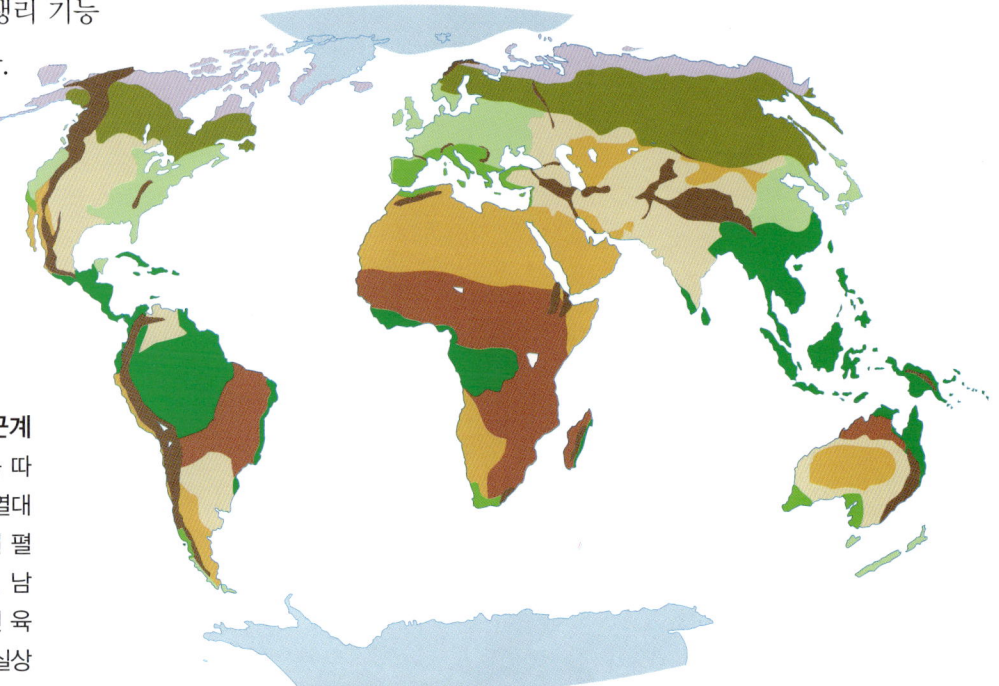

세계의 생물군계

이 지도는 세계 생물군계의 분포를 보여 준다. 적도를 따라 좌우로 길고 좁게 펼쳐진 지대는 주로 사바나나 열대림으로 덮여 있다. 북쪽으로 올라가 좌우로 길고 좁게 펼쳐진 지대는 거의 툰드라와 타이가가 차지하고 있다. 남반구에는 북반구와 같은 위도에 좌우로 좁게 펼쳐진 육지가 없기 때문에 툰드라와 타이가는 남반구에는 사실상 존재하지 않는다.

지식의 최전선

생물권에 관한 실험

규모도 작고 폐쇄된 생태계가 어떻게 제 기능을 발휘하는지, 또 이런 생태계가 자급자족할 수 있는지에 대해 알아보기 위해 여러 가지 실험이 진행 중이다. 그 중에서 가장 유명한 실험은 지구 궤도를 선회하는 우주 정거장에서 한 소규모 실험과 애리조나 사막에 있는 '생물권2'라는 이름의 밀폐 시설에서 행하고 있는 실험이다. 20,000㎡가 조금 못 되는 면적에 체적 204㎥인 생물권2의 내부에는 하나 이상의 축소판 생태계에서 자급자족으로 살아가는 실험을 하는 몇 사람이 거주하고 있다.

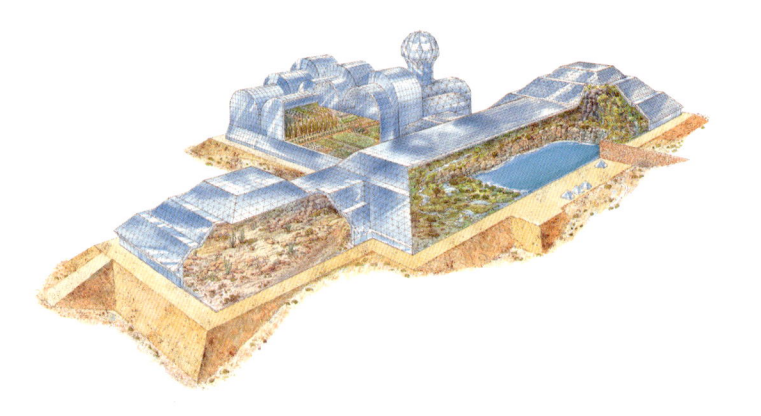

지구의 역사

도시의 낡은 건물 지붕에서는 비둘기나 호도애가 번식한다. 도시에 따라서는 찌르레기가 대로와 빌딩 한복판에서 겨울을 나는 곳도 있다. 도시는 그 이외의 지역에 비해 평균 온도가 높고 사냥꾼도 없고 포식자의 수도 적고 먹이도 부족하지 않기 때문이다. 제비나 흰털발제비, 참새, 박새, 갈가마귀, 까마귀 등도 도시에서 평생, 또는 일생의 한동안을 보내는 경우가 많다.

도시의 먹이 피라미드의 맨 꼭대기에는 많은 계층의 포식자가 있어서, 여우는 교외의 정원과 목초지에 자주 출몰하고, 황조롱이나 송골매, 올빼미 등은 도시에서 둥지를 틀고 도마뱀이나 도마뱀붙이, 설치동물이나 작은 새들을 잡아먹는다.

환경

지리적으로는 멀리 떨어져 있지만 환경적인 요소(강우량, 토질, 평균 온도 등)가 비슷한 곳에서는 생태적 지위가 동등한 유사한 생태계가 발달한다. 예를 들어 초본식물이 지배적인 곳에는 몸집이 중간이거나 큰 초식동물이 진화하는데, 이들은 포식자에 대한 방어책으로 무리를 지어 산다. 서로 닮은 다른 종의 생물이 유사한 생태적 지위를 차지하는 경우도 있는데, 이는 해당 생물들이 비슷한 자원을 이용하기 때문이다. 이 현상을 '적응 수렴'이라고 하는데, 그 예를 들면 큰 새 종류인 타조와 모아(현재는 멸종)가 각각 아프리카와 오세아니아에서 유사하게 진화한 경우를 들 수 있다. ▶▶

극지방

툰드라

과학의 개척자와 과학 이야기

크로포트킨의 상호부조론

러시아의 귀족이자 자연사학자 겸 지리학자인 표트르 크로포트킨(1842~1921)은 무정부주의 사상의 개척자였다. 시베리아의 생태계를 연구하던 그는 생물 종 사이에는 경쟁이 있지만, 같은 종 내에서는 치열한 싸움이 아닌 협동과 상호부조에 의해 진화가 일어난다고 확신하게 되었다. 현재는 협동이 자연에서 아주 일반적으로 볼 수 있는 현상이며, 진화의 결과로 같은 종 구성원 간에 수많은 협력 전략이 등장해 싸움을 상쇄한다는 사실이 밝혀져 있다.

타이가

온대림

지중해 지역

산악 지역

온대 초원

사바나

열대림

사막

극지방

극지방에서는 일 년 중 몇 달 동안만 지평선 위로 낮게 해가 뜨고 그 외의 기간에는 추위와 어둠이 뒤덮고 있다. 겨울 온도가 빙점 훨씬 아래까지 내려가는 이런 환경에서는 식물이 살 수 없다. 하지만 여름에는 각종 생물이 나타난다. 플랑크톤이 풍부해 수많은 어류와 조류, 포유류가 포함되는 복잡한 먹이사슬의 밑바탕을 이룬다.

과학의 개척자와 과학 이야기

아문센의 탐험

노르웨이 탐험가 로알 아문센(1872~1928)은 어렸을 때부터 남극과 북극을 탐험하기로 결심했다. 21세가 된 아문센은 일생을 탐험에 바치고자 의학 공부를 그만두었다. 1911년 12월 14일 그가 이끄는 원정대는 영국의 로버트 스콧보다 먼저 최초로 남극에 도달했다. 그는 이탈리아 탐험가 움베르토 노빌레가 이끄는 원정대를 구하기 위해 북극으로 가던 중 비행기 사고로 목숨을 잃었다. 그의 시신은 아직 찾지 못했다.

남극

남극 내부의 생태계는 미생물이 거의 독점하고 있다시피 한다. 하지만 해변에는 다양한 펭귄 종을 비롯해 바다표범, 범고래, 신천옹, 도둑갈매기, 흰수염고래, 코끼리바다표범 같은 생물이 살고 있다.

지구의 역사

삼림 지대에 사는 동물 중에서 재빨리 도망치는 것이 불가능한 작은 동물들은 자신을 보호하기 위해 가시를 진화시켰다. 오스트레일리아의 바늘두더지는 호저와는 아무런 친족 관계가 없지만 호저와 많이 닮았다.

이제 지구상에 있는 주요 생물군계, 즉 환경의 유형을 살펴보자. 극지방은 영구적으로 빙원으로 뒤덮여 있다. 내륙에는 생물이 거의 없는데, 있다 해도 미생물이 절대 다수를 차지하고 있다. 하지만 물 주변에는, 특히 유빙이 깨어져 나가는 여름철에는 다양한 동물 종이 산다. 이런 동물로는 극지방의 가혹한 생태계에 적응한 체구가 큰 포유류와 조류 등이 있는데, 이들은 추위를 차단하는 깃털과 두터운 지방층을 발달시키고 신체 말단 부위를 작게 만들거나 거의 튀어나오지 않도록 만들어서 이런 환경에 적응했다. 신체 구조가 이런 식으로 발달한 것은 체온을 보존하려는 목적에서였다.

툰드라는 빙원으로 뒤덮인 극지방의 남쪽으로 더 낮은 위도에 위치해 있다. 평균 온도는 섭씨 영하 10도다. 강우량은 사하라 사막에 인접해 있는 지역 정도로 부족하다. 물은 여름에만 액체 상태로 있으며, 거센 바람이 불어 초본식물이나 작고 뒤틀린 나무만 진화할 수 있었다. 북극 버드나무가 그 한 예로, 나무줄기가 땅을 따라 거의 수평으로 자란다. 하지만 툰드라 지역도 여름에는 각종 생물체가 풍부해진다. 낮이 엄청나게 길고, 기온은 섭씨 5도 가량 된다. ▶▶

북극
남극이 커다란 대륙의 일부로서 거대한 협곡과 산이 있는 곳인 반면에, 북극의 빙원은 거의 바다를 떠다니는 부빙으로 구성되어 있고 유일한 땅덩어리는 그린란드다. 청어, 고래, 북극곰, 바다표범, 해마 등이 얼음 위나 물에서 살고 있다.

지식의 최전선

남극의 생활
남극의 과학 기지에서 사는 것은 쉽지 않은 일이다. 역설적인 일이지만 극심하게 춥다는 것은 사실상 공기에 수증기가 거의 없다는 것이기 때문에 화재의 위험이 높다. 기지가 몇 달 동안 외부와 연락이 끊긴 채 고립되어 있는 경우가 많아 병이 나도 치료하기가 어렵다. 하지만 감기에 걸릴 확률은 매우 낮다. 외부 기온이 극히 낮아 감기 병원균이 살아 있을 확률이 거의 없기 때문이다.

지구 북부의 삼림지대

지구 북쪽에 있는 숲인 타이가는 북유럽, 아시아, 북아메리카를 포함하는 2,300만 ㎢ 이상의 면적을 차지하고 있다. 타이가에서 자라는 나무는 춥고 건조한 겨울에도 살아남을 수 있도록 적응되어 있다. 이들의 잎은 바늘 모양으로 생겼는데 표면적이 아주 적어서 수분의 손실을 최소화해 준다. 타이가에서 사는 동물은 대부분 겨울잠에 들어가거나 남쪽으로 이동해 겨울을 난다.

흰머리수리
이 새는 미국의 상징이지만 먹이 피라미드의 맨 꼭대기에 있는 많은 다른 동물처럼 멸종의 위기에 처해 있다. 서식지가 사라지는 문제와 함께 먹이인 물고기나 설치류, 작은 새 등의 몸에 축적된 농약도 흰머리수리를 위협하는 요소다.

엘크
짝짓기 철이 되면 엘크 수컷들은 치열한 싸움을 벌인다. 그런 다음 초목 사이를 돌아다니는 동안 거치적거리던 뿔이 떨어져 나간다.

미송
이 당당한 침엽수는 키가 90m 가까이 자란다. 북아메리카 지역에서는 크리스마스 트리로 사용하기도 하지만 무엇보다 목재로 많이 쓰인다.

지구의 역사

여름에 툰드라에 생기는 물 웅덩이 주위에는 곤충 무리가 많아서 새가 몰려든다. 이끼류나 지의류, 열매와 씨를 생산하는 식물도 많아서 토끼나 나그네쥐, 순록, 사향소(또는 북아메리카의 사향소라고 할 수 있는 삼림순록) 등도 자주 온다. 먹이 사슬의 꼭대기에는 작거나 중간 크기의 육식동물로 올빼미, 흰담비, 흰올빼미, 극지방의 늑대와 일반 늑대가 있다. 적도 방향으로 그 다음에 등장하는 생물군계는 타이가다. 타이가도 겨울에는 매우 춥지만 여름은 길고 습도가 높아서 침엽수림(소나무, 낙엽송, 전나무 등)이 잘 자란다. 침엽수의 바늘잎은 불개미가 씹어서 개미집을 만드는 데 사용하는데, 그 이후에는 미생물이 분해하는 과정에서 잎에 포함되어 있던 무기염이 땅으로 되돌아가게 된다.

타이가는 식물의 종류가 다양하고 기온이 따뜻해 수많은 생태적 지위가 존재하기 때문에 툰드라보다 생물다양성이 풍부한 곳이다. 특히 여름에는 침엽수림에 많은 포유류와 조류 종이 모여든다.

나그네쥐, 다람쥐, 들쥐는 씨앗과 열매를 먹고 산다. 잣까마귀와 어치는 부리가 강해 구과식물의 열매를 깨고 씨앗을 빼 먹는다. 한편 멋쟁이새 부류는 새순이나 씨앗을 먹고, 뇌조와 산자고새는 땅에 떨어진 열매로 만족한다. 포식자에는 검은담비, 곰, 스라소니, 산족제비, 늑대 등이 있고 그 외에 다양한 맹금류도 있다. ▶▶

과학의 개척자와 과학 이야기

퉁구스카 숲의 파괴

1908년 사람이 살지 않는 시베리아의 퉁구스카라는 곳에서 거대한 불덩어리가 하늘을 환하게 밝혔다. 원인은 거대한 운석이 땅에 떨어지면서 히로시마에 떨어졌던 원자폭탄보다 1,000배나 더 강력한 원자탄 에너지가 발생했기 때문으로 여겨지고 있다. 당시의 충격으로 몇백㎢가 넘는 숲이 완전히 파괴되었다. 그때로부터 90년이 넘게 지난 지금도 그 파괴적인 충격의 영향이 아직도 뚜렷이 남아 있다.

붉은 스라소니
몸놀림이 민첩한 고양잇과의 이 동물은 다람쥐를 쫓거나 새 둥지를 뒤져 먹고 산다. 나무를 잘 타 가장 높고 가는 가지에도 기어오를 수 있다.

연어
연어는 민물에서 태어나 바다로 간다. 번식할 때는 물결의 흐름을 거슬러 올라와 자기가 태어난 강으로 돌아온다. 산란기 중에는 먹이를 먹지 않고 번식기가 끝나면 거의 곧바로 죽는다.

지식의 최전선

산성비

지난 몇십 년 동안 많은 산성 물질을 포함한 비가 전 세계의 숲에 엄청난 피해를 입혔다. 대기 중으로 방출된 오염물질이 원인으로 지목된다. 주요 오염물질로는 주로 석유나 석탄을 연소시킬 때 발생하는 이산화황과 자동차의 배기가스에서 나오는 산화질소가 꼽힌다. 이런 물질이 물에 용해되면 황산이나 질산이 된다.

지중해성 환경

바다 근처에서는 기후가 내륙의 기후와는 많이 달라서 겨울에는 포근하고 여름에는 덥고 건조하다. 식물은 수분의 증발을 최소화하기 위해 매끄럽고 얇은 막이 덮여 있는 작고 질긴 잎을 발달시킨 경우가 많다.

동물은 낮의 열기를 피하기 위해 밤이나 새벽에만 굴에서 나와 활동하는 사례가 많다. 한때는 아주 광대했던 지중해성 관목지는 지금은 상당히 줄어들었다.

과학의 개척자와 과학 이야기

아리스토텔레스와 생물의 분류

기원전 4세기에 살았던 유명한 그리스의 철학자 아리스토텔레스는 지중해성 동물에 대한 전문가이기도 했다. 그는 종의 분류를 시도한 최초의 사람이었고 특정한 동물 집단을 가리키는 새로운 이름을 만들기도 했다. 예를 들어 '초시류'라는 말도 그가 만들어낸 그리스어 단어에서 온 말이다.

감탕나무와 코르크나무
둘 다 튼튼한 상록수다. 코르크나무의 껍질인 코르크는 사람들이 고대부터 이용해 온 물질이다.

흰배줄무늬수리
흰배줄무늬수리는 한때 지중해 일대에서 폭넓게 서식했으나 요즘에는 밀렵과 황폐해진 서식지 때문에 아주 드물어졌다. 공중에서 급강하해 먹잇감인 설치류나 다른 작은 동물을 잡아먹는다.

무플런
무플런은 덩이줄기나 뿌리, 풀 등을 먹고 산다. 75cm 정도의 키에 성숙한 수컷은 둥글게 반쯤 말린 큰 뿔이 나 있다. 산을 잘 오르며 지중해 일대뿐만 아니라 산악 지역까지 진출해 살고 있다.

지구의 역사

몇천 년 전에는 타이가의 남쪽으로 이어진 땅과 남반구의 추운 지역 북쪽으로 이어진 일부 지역이 광활한 온대림으로 덮여 있었다. 강우량이 늘고 기후가 온난해 잎이 넓은 큰 나무가 많이 자랐다. 온대림은 땅이 비옥하기도 해서 그 자연스러운 결과로 인간이 밀집해 거주하고 있다. 지금은 몇백 년 동안 사람들이 거주하면서 거의 모든 열대림에 광범위한 영향을 끼쳐서 거대한 열대림은 극히 일부만 남아 있을 뿐이다. 그 결과 역동적인 구조적 균형 생태인 극상 생태계(상당한 생물의 다양성을 갖춘)가 발달하지 못했다.

온대림은 겨울에는 잎이 떨어지고 활동이 줄어드는 오크나무, 너도밤나무, 자작나무 등 큰 나무가 지배하는 곳이다. 엄청난 양의 건조한 낙엽은 지렁이나 벌레, 미생물이 분해해 천연 비료로 변신한다. 나무 종자는 다른 나무가 쓰러지고 난 뒤에 거기에 생긴 공간에서만 자랄 수 있는데, 처음에 묘목이 자라서 성체가 된 나무는 자기 공간을 차지하고 다른 나무가 자라지 못하도록 방해하기 때문이다. 사실 키 큰 나무가 울창한 곳은 햇빛이 지면까지 제대로 미치지 못해서 양치류나 이끼, 작은 꽃식물들 정도만 자랄 수 있을 뿐이다.

해변 부근에는 많은 온대림이 자취를 감추고 다른 중요한 생물군계인 지중해성 관목지대나 삼림지대가 나타나는데, 이들 역시 현재는 상당히 많이 줄어들었다. ▶▶

살쾡이

살쾡이는 영어로 wildcat이라고 하지만 실은 야생의(wild) 고양이(cat)가 아니라 고양이와는 별개의 종이다. 숙련된 포식자로 지중해의 관목지대나 삼림지대에서 볼 수 있다. 지금은 희귀종이 되었고 사람을 경계한다. 살쾡이는 관찰이 힘들기 때문에 살쾡이의 서식지를 파악하려는 동물학자들은 수컷의 울음소리를 녹음해서 틀어주기도 한다. 삼림지대에 사는 야생 살쾡이는 자기 영역을 지키기 위해 맹렬한 반응을 보인다.

딸기나무

딸기나무는 지중해성 식생의 특징을 대표하는 관목의 하나다. 크고 빨간 열매는 먹을 수 있다.

지식의 최전선

침식의 문제

바다와 너무 가까운 곳에 길이나 주택을 건설한 지역에 관광객까지 많이 몰려들면 식생과 바닷가 모래 언덕에 변화가 생기기 쉽다. 해변에 살던 식물이 사라지면 즉시 모래 언덕의 침식이 시작된다. 모래가 내륙으로 날아가 그곳에 살던 관목이 차츰 죽게 되고, 관목이 죽으면서 그 주변 지역까지 침식이 시작된다. 지중해 서부에서는 모래 언덕의 최소 70%가 이미 사라졌다.

사바나와 초원

사바나와 초원은 한때 넓은 지역을 차지하고 있었지만 지금은 대부분 농작물을 기르는 밭이나 가축을 기르는 방목지로 바뀌었다. 전형적인 사바나와 초원 생태계 생물 중 많은 종이 수가 크게 줄고 멸종의 위기에 처해 있다.

하이에나
하이에나는 무리를 지어 살며 무리는 암컷이 이끈다. 주로 썩은 고기를 먹지만 또한 숙련된 야행성 포식자이기도 하다.

누
누는 얼룩말이나 톰슨가젤과 마찬가지로 가장 좋은 목초지를 찾기 위해 먼 거리를 이동한다.

사자
통념과는 달리 사자는 특별히 효율적으로 사냥을 하는 포식자는 아니다. 무리를 지어 짧은 거리를 추격해 사냥하지만 하이에나나 리카온, 치타 등이 잡아놓은 먹이를 빼앗아 올 때도 많다.

과학의 개척자와 과학 이야기

리키 가문

아프리카의 사바나는 고인류학자 집안으로 유명한 리키 가문에게 몇십 년 동안 연이은 발견의 현장이었다. 그들은 인류의 화석 중에서 가장 중요한 화석 몇 개를 찾아냈다. 루이 리키는 호모 속(屬)이 동아프리카에서 기원했다는 사실을 증명한 최초의 학자이다. 그의 아내 메리 리키는 1959년 탄자니아의 올두바이 근처에서 175만 년이나 된 호미니드의 화석을 발견했고, 1978년에는 라에톨리에서 350만 년 전의 호미니드가 화산재에 남긴 발자국을 발견했다. 메리 리키의 아들 리처드와 며느리인 미브는 아직도 케냐에서 화석 유적을 찾아 발굴을 계속하고 있다. 그들은 이미 4백만 년 전 이상의 것으로 추정되는 호미니드를 발견하는 등 많은 성과를 올리고 있다.

5장 | 인간과 지구

하늘의 포식자
맹금류는 초원이나 사바나 같은 곳에서 흔히 볼 수 있는 동물이다. 그런 광활하고 탁 트인 공간은 맹금류에게는 이상적인 사냥터다.

지식의 최전선

초원의 사막화

중국이나 남아메리카, 아프리카, 오스트레일리아 등지에 있는 몇백만㎢에 이르는 초원이 계속 사막으로 변해 가고 있다. 이것은 극히 심각한 현상으로 삼림 벌채보다 더 큰 규모로 일어나고 있다. 브라질과 아르헨티나에서는 집약적인 가축 사육과 콩 농사의 결과 초원과 사바나의 80%가 사라졌다. 물과 식물 자원의 과잉 개발은 급격한 토양의 피폐화와 침식을 가져왔다. 하지만 다시 조림을 하고 큰 가축의 방목을 막고 모래 언덕의 이동을 막는다면, 경우에 따라서는 사막화의 과정이 중단되고 다시 삼림이 회복될 수도 있다.

지구의 역사

지중해성 관목지대와 삼림지대는 그 이름과는 달리 지중해 연안뿐만 아니라 캘리포니아, 오스트레일리아 서부, 칠레, 남아메리카 공화국 케이프 주의 연안을 따라서도 분포해 있다. 전형적인 지중해성 식생은 관목과 키 작은 나무로 구성되어 있고 온난한 환경이어서 동식물이 풍부하다.

하지만 지구에서 생명의 다양성이 화려한 꽃을 피운 곳은 열대림이었다. 브라질의 대서양 연안과 안데스 산맥의 열대우림에는 단위면적당 몇백 종이나 되는 나무와 몇천 종이나 되는 무척추동물 종이 살고 있는데, 그 중 상당수는 아직까지 연구된 적이 없고 심지어는 제대로 확인조차 되지 않은 종이다.

열대림에 생물의 다양성이 풍부한 이유는 확실하지는 않지만 한 가지 결정적인 요소는 기후 변화가 거의 없다는 점이다. 적도 근처에서는 일 년 내내 해가 비치는 시간이 약 12시간으로 변함이 없다. 또 거의 매일 비가 내리고 낮과 밤의 온도차와 겨울과 여름의 온도차가 크지 않다. 그 결과 식물이 항상 자라면서 이용할 수 있는 생태적 지위가 풍부한 생태계가 형성된다.

열대림의 생태계는 층으로 구성되어 있다. 상층은 키가 가장 큰 나무의 꼭대기가 차지하고 있는데 나무 높이가 48~57m나 된다. ▶▶

열대림

열대림은 면적으로 따지면 현재 지구 육지면의 6%도 채 안 되지만 많은 생태학자들에 따르면, 모든 살아 있는 동식물 종의 50~60%가 이곳에 살고 있다고 한다. 열대림은 생물의 다양성이 가장 풍부한 곳임에도 불구하고 안타깝게도 가장 큰 위협을 받고 있는 곳이기도 하다. 인도, 스리랑카, 방글라데시, 아이티에서는 사실상 모든 처녀림이 사라졌다. 필리핀과 태국에는 남아 있는 처녀림이 절반도 되지 않는다. 브라질 연안 지역에서는 5% 이하가 남아 있을 뿐이고 아마존 유역의 숲은 이미 12% 이상이 파괴되었다.

코주부 원숭이
코가 길어서 긴코원숭이라고도 한다. 암컷들은 수컷 한 마리와 함께 무리를 지어 늪지에서 자라는 맹그로브 숲에 산다. 아시아와 아프리카의 원숭이는 꼬리로 물건을 잡을 수 없고 비중격이 좁고 길기 때문에 남아메리카 원숭이와 쉽게 구별된다.

맹그로브
뿌리가 복잡하게 얽혀 있는 맹그로브는 척추동물과 무척추동물의 많은 종이 몸을 피할 수 있는 곳이다. 또 물이 범람할 때 땅을 보호해 주기도 한다.

수마트라 코뿔소
수마트라 코뿔소는 엄니가 마력과 치유력이 있다고 믿어져 밀렵꾼의 집중적인 사냥 대상이 되는 바람에 멸종 직전에 있다.

보르네오 호랑이
이 덩치 큰 포식자는 거의 멸종했는데, 보호구역 안에서만 살아남아 있다.

5장 | 인간과 지구

오랑우탄
'숲에 사는 사람'이라는 뜻의 오랑우탄은 나무 위에 나뭇잎과 가지로 은신처를 마련하고 나무 위에서 대부분의 시간을 보내는 덩치 크고 멋진 에이프다. 나뭇잎과 과일, 열매, 곤충을 먹고 산다. 현재 서식지가 빠르게 사라지는 바람에 멸종의 위기에 처해 있다.

큰코뿔새
새끼를 기르는 동안 암컷은 나무 구멍에 은신처를 마련해 구멍을 진흙 벽으로 막고 그 속에서 새끼를 돌보고, 수컷은 진흙 벽에 난 좁은 구멍을 통해 먹이를 전달해 준다.

네펜데스
식충식물로 꽃받침 안에 작은 곤충을 잡아 가둔 뒤 잡아먹는다.

라플레시아
라플레시아의 꽃은 전세계에서 가장 크다. 지름이 최대 1m에 이른다.

섬

섬에는 여러 유형이 있고 기원도 다양하다. 이른바 육도(陸島)는 '유전적으로' 대륙과 연결되어 있는 섬을 말한다. 즉 물속에 있는 산맥의 꼭대기가 물 위로 튀어나와 있는 부분과 바다로 뻗어나간 대륙에서 가장 멀리 물 위로 솟아오른 지점을 말한다. 육도의 한 예는 인도양에 있는 마다가스카르로, 먼 옛날 아프리카에서 분리되어 대륙과는 다른 진화의 노선을 따라간 동식물이 많이 발생한 곳이다. 반면 양도(洋島)는 해저의 화산 활동에서 비롯된 섬으로, 해저에서 화산이 폭발하면 작은 군도가 수없이 많이 생기기도 한다.

아이슬란드
'불과 얼음'의 땅인 아이슬란드는 세계에서 가장 유명한 화산섬이다. 이 섬은 약 2,000만~1,600만 년 전 사이에 생성되었지만 아직도 안정된 상태에 이르지 못했다. 분화와 지진, 용암류 등에 의해 끊임없이 섬의 윤곽이 바뀌고 있다.

과학의 개척자와 과학 이야기

다윈 핀치

찰스 다윈의 진화론은 한 섬에서 새를 관찰하면서 시작되었다. 다윈은 22세에 비글호를 타고 과학사에서 지극히 중요한 의미를 갖게 될 탐험 여행을 떠났다. 여정에서 가장 중요한 기착지는 태평양의 갈라파고스 제도였다. 다윈은 특별히 핀치를 보고 관심을 많이 기울이게 되었는데, 핀치의 부리가 핀치가 사는 섬에 따라 달랐기 때문이다. 다윈은 그 이유를 찾아보려고 노력했다. 그의 일기장에 원래 핀치는 갈라파고스 제도에 소수만 살았는데, 거기서 각 섬으로 떨어져 나가면서 제각각 환경에 적응해 변화한 것으로 보인다는 기록을 남겼다. 이것이 바로 진화론의 시작이었다.

지구의 역사

땅에서는 거의 보이지도 않는 나무 꼭대기는 원숭이, 큰부리새, 독수리, 나무늘보 등 숲에 사는 많은 동물들의 서식지다. 곤충과 파충류, 양서류도 나무 위에서 살면서 번식하고, 그 중에는 땅에 전혀 내려가지 않는 경우도 있다. 나무 꼭대기는 잎이 무성해 햇빛이 통과하기 어려운데, 무성한 잎을 통과한 얼마 되지 않은 햇빛은 키가 18~27m인 작은 나무들이 최대한 이용하고, 난초나 양치류, 이끼, 리아나 등 수많은 식물종이 이런 작은 나무에 붙어서 자라기도 한다.

예를 들어 푸밀라고무나무 같은 일부 식물은 나무에 기생하면서 숙주 나무를 감싸고 수액을 빨아먹다가 결국은 나무를 죽게 만든다. 난초 같은 경우는 몸을 지탱하기 위해서만 나무를 이용한다.

식물 하나가 많은 생물종이 거주하는 작은 '도시'가 되는 경우도 적지 않은데, 나뭇가지에 붙어사는 브롬엘리아드는 긴 삼각형 잎이 귀뚜라미나 달팽이, 거미, 심지어 도마뱀과 작은 설치류 등의 서식지가 되기도 한다. 식물의 오목한 잎에는 흙이 쌓여 난초나 작은 양치류가 자라고, 나뭇잎 위로 물이 고여 작은 물웅덩이가 생겨서 개구리나 청개구리, 딱정벌레, 파리, 모기 등이 번식을 하는 경우도 있다. 지면에 도달하는 햇빛은 2% 이하인데, 지면에는 어두운 환경에서 살아갈 수 있는 몇몇 식물(아파트에서 볼 수 있는 것과 같은)이 산다. 그래서 맥과 같은 덩치 큰 초식동물이나 재규어, 호랑이 같이 힘센 포식동물에게는 쉽게 돌아다닐 수 있는 충분한 공간이 있었다. ▶▶

환초
환초는 오래된 화산섬이다. 분화구에 유기 퇴적물과 분진, 무엇보다 석회질 잔해가 쌓여 있어 섬이 바로 가라앉지 않는다.

하와이
하와이를 이루는 섬들은 태평양 한가운데에 있다. 해저의 화산 폭발로 거대한 화산 원뿔이 물위로 솟으면서 섬이 생성되었다. 섬을 구성하는 물질은 오래 전부터 바다 밑에 있는 용융 상태의 마그마가 흘러나오면서 생겨났다. 용융 상태의 마그마가 흘러나오는 지점을 '열점'이라고 하며 그 위치는 변하지 않는다.

지식의 최전선

숲의 섬

처음에는 거대했던 숲이 도로를 건설하거나 또는 농사를 짓거나 목초지를 마련하거나 신도시를 건설할 공간을 마련하기 위해 벌목을 하면서 점점 줄어들어 작은 섬처럼 고립되어 가고 있다. 생태학자들은 고립된 숲의 섬들이 생태계의 모든 종의 생존을 확보할 수 있는 최소한의 면적을 유지할 수 있도록 노력을 기울이고 있다. 많은 나라에서는 이렇게 서로 떨어지게 된 숲 사이에 '생물학적 통로'를 유지하기 위한 노력이 진행되고 있다.

지진

지구에서는 지진이 하루에 3,000번가량 발생한다. 다행스럽게도 대부분은 매우 경미해서 지진계로만 관찰되는 수준이다. 하지만 안타깝게도 1년에 약 100번 정도는 사람에게 영향을 미치고, 그 중에는 심각한 재산과 인명 손실을 야기하는 경우도 많다. 격렬한 지진은 상당수가 지각판의 경계선을 따라 일어나고 있는 지각 활동의 신호라고 할 수 있다. 지각판이 움직이면 암석층끼리 서로 부딪치면서 압축되기 시작하지만, 더 이상 서로 밀고 들어갈 수 없는 때가 되면 새로운 평형 상태를 찾는 움직임을 보이게 된다. 이때 그 순간까지 축적된 에너지가 방출되면서 지진파가 생성되고 지구가 진동을 일으키게 되는 것이다.

지식의 최전선

대지진의 불안

로스앤젤레스의 주민들은 오래 전부터 이 지역에서 대지진이 발생할 것으로 예상하고 있다. 이 대지진은 언제 닥칠지 모르지만 일부 전문가들에 따르면, 역사상 가장 강력한 지진이 될 것이라고 한다. 로스앤젤레스와 캘리포니아 주의 해안 지역 전역이 산안드레아스 단층 위에 놓여 있는데, 단층은 해령 줄기의 일부와 대륙의 일부가 맞닿아 있어서 두 지질 구조가 언제 충돌을 일으켜 폭발할지 모르는 위험 지역을 말한다.

지진의 생성

땅 속에서 암석층이 깨어지면서 서로 부딪치기 시작하는 점을 진원이라고 한다. 바로 지진을 생성하는 에너지가 방출되는 곳이다. 진원에서 수직인 지표면의 지점을 진앙이라고 하는데 여기서 가장 큰 피해가 발생한다. 지진파는 진앙에 제일 먼저 도착한 다음 사방으로 전파된다.

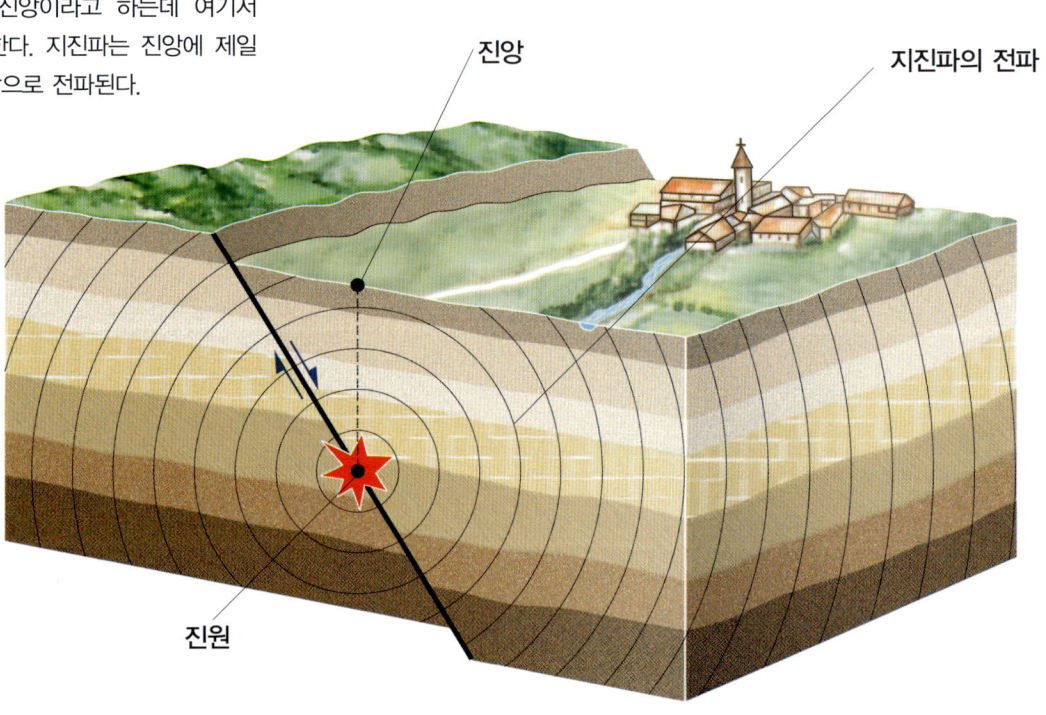

과학의 개척자와 과학 이야기

파괴적인 지진

1755년 리스본(포르투갈), 희생자 30,000명. 1976년 탕샨(중국), 희생자 750,000명. 2001년 구자라트 주(인도), 희생자 100,000명. 바로 현대사에서 피해가 컸던 비극적인 지진의 사례다. 고대 기록에서도 인구 밀집 지역에서 강력한 지진이 발생해 많은 희생자를 낸 사례를 찾아볼 수 있다. 그렇지만 현대에 들어서야 메르칼리 진도와 리히터 규모라는 측정 단위가 개발된 덕분에 지진으로 발생한 피해의 규모를 정확하게 측정할 수 있게 되었다. 이 두 측정 단위를 사용하면 지진의 유형과 주변 지역에 미치는 영향을 정확하게 측정할 수 있다.

암석 균열

지각판의 이동으로 압축된 암석층이 갑자기 압력을 받게 되면 암석층이 깨어지면서 깨어진 양쪽이 각각 다른 방향으로 미끄러지기 시작한다. 이렇게 암석층의 선이 깨어지면서 일어나는 균열을 단층이라고 한다.

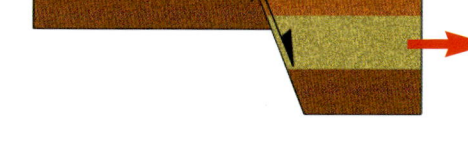
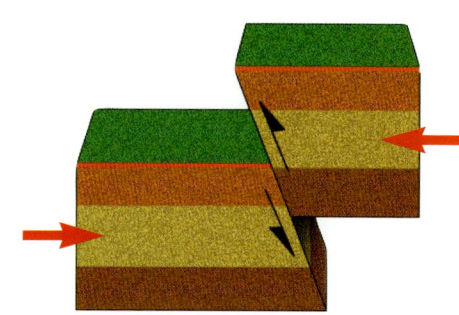

정단층(확장)   변환단층(두 지각판이 수평으로 서로 반대 방향으로 이동)   역단층(압축)

지구의 역사

열대림이라는 풍부한 생태계를 떠받치고 있는 토양층이 사실은 두께도 얇고 토질도 극도로 나쁘다는 사실은 뜻밖으로 여겨질 것이다. 실제로 열대림 토양은 영양소를 전혀 함유하지 못하다시피 한 진흙이나 철분덩어리가 상당히 높은 비율을 차지하고 있다. 그 위에 얇지만 기름진 거름층이 형성될 수 있는 것은 나뭇가지 사이나 땅 위에 퇴적된 엄청난 양의 죽은 나뭇잎과 유기체가 신속하고도 끊임없이 분해되고 있기 때문이다. 여기서 생태계 전체에 영양분이 공급된다. 만약 숲을 벌목하거나 숲에서 화재가 발생해 나무가 사라지면 비옥한 거름층이 잦은 비에 씻겨 내려가 토지는 급격히 생산력을 잃게 된다.

키 작은 초목이 다시 자라나기 시작하는 데만도 몇 년이 걸리고, 숲다운 숲이 되려면 몇십 년이 걸린다. 하지만 벌목이 한정된 지역에서만 이루어지고 그 지역이 단 몇 해 동안 농작물을 경작하는 데에만 이용되었다면 그 지역은 회복이 가능하다. 단 몇 년이면 주변에 있는 숲에서 바람과 비에 나뭇잎과 유기 물질이 다시 유입되어 들어오고 그 지역은 다시 생물이 서식하기 시작한다. 하지만 벌목 지역이 광대하고 집약적인 농업에 이용되었다면 토양의 피폐와 침식은 금방 되돌릴 수 없는 상태가 된다. 헐벗어 진흙이 드러난 그 지역에서는 드물게 난 풀을 제외하고는 아무것도 자랄 수 없게 될 것이다. ▶▶

화재

화재는 숲의 일생에서 통상 있는 일일 뿐더러 특정한 생태학적 기능을 확보하는 데 중요한 역할을 한다. 하지만 인간이 숲에 대규모의 화재를 일으키면 생태계가 파괴된다. 전세계적으로 걷잡을 수 없는 큰 산불이 일 년에 몇만 건이 발생하는데, 이로 인해 생물의 다양성이 엄청난 손실을 입고 막대한 양의 이산화탄소가 대기 중으로 방출돼 온실효과가 심화되고 있다.

과학의 개척자와 과학 이야기

온 세계가 불길에 시달렸던 1997~1998년

인도네시아의 삼림이 몇 달 동안이나 계속해서 불에 타고 난 뒤인 1998년 초 아마존의 삼림도 화재가 발생했다. 브라질의 로라이마 주에 있는 사바나와 숲 600㎢가량이 3개월 만에 연기로 사라졌고 원주민 인디언 부족인 야노마미 족의 토착지가 황폐화 되었다. 불은 국제적인 지원에도 불구하고 꺼지지 않다가 몇 달 동안 지속된 건기가 끝난 다음인 3월 말에 비가 내리기 시작하면서 마침내 꺼졌다. 비는 마침 카야포 족의 두 무당이 정부의 요청으로 기우제를 지낸 뒤 몇 시간 뒤부터 내리기 시작했다.

화재, 그 뒤

화재 뒤에도 생명의 움직임이 멈추는 것은 아니다. 비록 많은 생물이 죽지만 씨앗이나 미생물, 무척추동물 등이 토양에 남아 있거나 바람을 타고 날아가 빠르게 생태계를 재건한다. 이런 생물을 선구종이라고 하는데, 어느 정도는 토양에 수분을 유지하고 유기물층을 형성하는 역할도 한다.

생태 천이

선구종이 해당 지역에서 다시 살기 시작하면 생태 천이가 일어난다. 10~15년 뒤면 관목이 생겨나 차츰 더 크게 자란다. 단 몇십 년 만에 키 큰 나무가 나타나고 키 큰 나무와 함께 동물도 등장한다. 이를 이차림이라고 하며 적은 수의 종이 생성되는 단계다. 그 뒤 짧게는 몇십 년에서 길게는 몇백 년이면 숲은 다시 피식자, 포식자, 분해자로 이루어진 복잡한 조직망을 갖춘 안정된 생태계로 돌아오게 된다.

지구의 역사

온대 초원은 온대림이나 지중해 지역과 평균 기온은 비슷하지만 강우량은 훨씬 적은 곳에서 찾아볼 수 있다. 온대 초원은 초본식물과 드문드문 나 있는 관목이 특징적인 모습이며 초식동물(예컨대 인도의 닐가이영양이나 북아메리카의 들소 등)과 이를 잡아먹고 사는 포식자(자칼, 하이에나, 코요테)의 서식지다.

열대 지역 중에서도 강우량이 부족한 지역의 지배적인 생물군계는 사바나로, 아르헨티나와 파라과이, 오스트레일리아 동부, 특히 아프리카의 광대한 공간을 차지하고 있는 곳이다. 키 큰 나무나 동물이 몸을 숨길 곳이 없는 사바나 지역에서는 누와 가젤 같이 크기가 중간이거나 큰 초식동물이 진화했다.

이들은 포식자로부터 자신을 더 효과적으로 보호하기 위해 무리를 지어 살았다. 나무도 나 있고 동물이 몸을 숨길 곳도 더 많은 사바나에서는 작은 초식동물도 진화했다. 그 예로는 딕딕영양을 들 수 있는데, 몸을 숨길 줄도 알고 위장할 줄도 안다. 포식자 역시 다른 생태적 지위를 차지하고 다양한 전략을 택한다. 아프리카에 사는 하이에나와 리카온은 무리를 지어 사냥을 하고 잡은 먹잇감을 나누는 반면 치타와 표범은 혼자 사냥을 한다.

강우량이 극히 부족하고 제한되어 있는(한 해에 10cm 안팎) 육지 지역은 사막으로 덮여 있다. 물이 귀한 곳에 적응할 수 있는 생물은 거의 없는데, 생물이 없으면 환경은 더 극단적인 상태가 된다. ▶▶

화전 농업

개발도상국에서 일어나는 산불의 원인 중 하나는 화전 농업이다. 전통적인 농업 방식인 화전 농업은 경작지를 마련하기 위해 한 구역의 큰 나무를 모두 베어내고, 베어낸 나무가 마르기를 기다렸다가 태워 없애는 방식으로 진행된다. 이 방법은 인원수가 적은 반(半)유목적인 원주민 부족이 소규모로 실행할 경우에는 환경에 해를 끼치지 않지만, 땅을 영구적으로 또 집중적으로 이용하는 방식으로 사용할 때는 급속한 사막화로 이어진다.

지식의 최전선

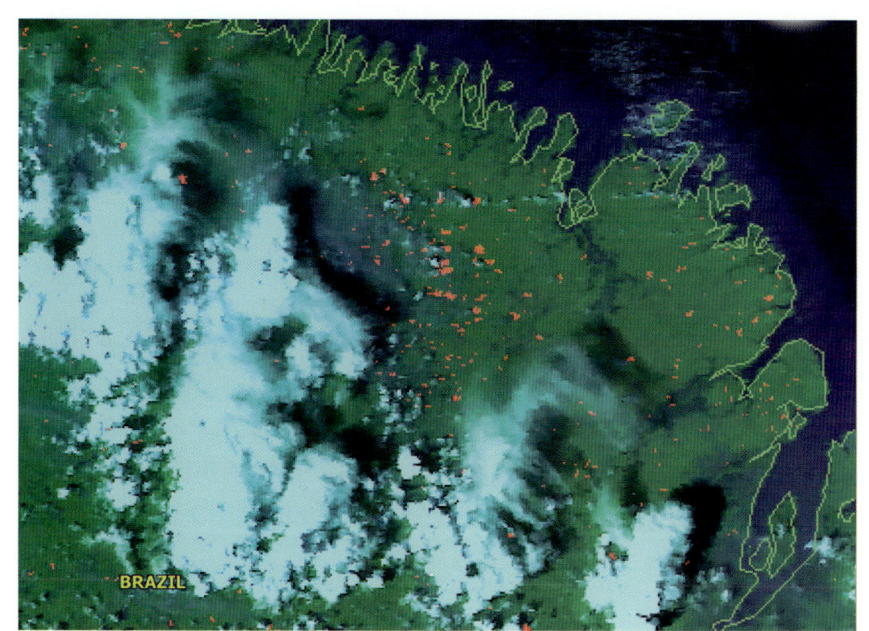

인공위성을 통한 화재 감시

대형 산불을 방지하기 위한 노력에서 중요하게 사용되는 도구의 하나는 바로 인공위성이다. 주요 화재 지역의 현장 상황을 제공하기 위한 국제적인 계획이 몇 년째 진행되고 있다. 예를 들어 아마존 강 유역에 대해서는 미국 항공우주국(NASA)의 미국해양대기관리처(NOAA) 인공위성이 열대우림의 상세한 영상을 제공한다. SIVAM(아마존 감시 시스템)이라는 새 계획에서는 화재 현장의 좌표뿐만 아니라 불법 삼림 파괴나 항공기의 움직임도 정확하게 나타낸다. 하지만 이런 첨단 기술에도 불구하고 재원이나 담당 공무원, 심지어는 산불 방지를 위한 적극적인 의지조차 없는 정부가 많다.

기후 변화

지구의 평균 기온은 얼마나 빨리 상승하고 있는지에 대한 확실한 자료는 아직 없어도 확실히 상승하고 있다. 이런 현상이 지질학적 시간대에서 뜨거운 기후와 찬 기후가 교대로 나타나는 정상적인 현상에 속한다고 믿는 사람들도 있지만, 전문가들은 대부분 온실효과가 주요 원인의 하나라고 주장한다. 확실한 것은 지구 온난화가 향후 50년 이내에 모든 생물에게 심각한 영향을 끼칠 것이라는 점이다. 예상되는 영향으로는 특정 지역에 사는 동물과 사람의 대량 이주, 식생의 급격한 변화, 영구 빙하의 상실, 가뭄, 화재 등이 있다.

과학의 개척자와 과학 이야기

아레니우스와 온실효과

위대한 스웨덴의 물리학자이자 화학자인 스반테 아레니우스(1859~1927)는 이온화설에 대한 연구로 노벨상을 받았다. 연구 분야는 우주론, 지질학, 기후학 등이었다. 1895년에 벌써 그는 대기 중에서 이산화탄소가 증가하면 지구의 기후에 심각한 결과를 낳게 될 것이라는 사실을 깨달았다.

지구의 역사

사막에는 유기 물질이 부족해 토양이 메마르기 때문에 빽빽한 초목층이 발달하지 못한다. 이렇게 공기가 건조하고 땅이 헐벗은 환경에서는 열이 보존되지 않기 때문에 낮과 밤의 기온 차이가 크게 벌어진다. 그 결과 기온은 낮에는 섭씨 50~60도까지 오르고 밤에는 영하로 떨어지는 큰 변화를 보인다. 이런 열악한 조건에도 불구하고 여러 식물이 나름대로 생존 방법을 찾아냈다. 선인장 같은 식물은 물이 있을 때 짧은 시간에 많은 양을 흡수해서 줄기에 저장한다. 줄기는 매끄러운 막으로 덮여 있어서 수분의 증발을 막아준다. 또 가뭄에 잘 견디는 씨앗을 생산하는 식물도 있다. 이런 씨앗은 몇십 년 동안 잠복 상태로 있다가 비가 내리면 빠른 속도로 성장해서 꽃을 피운다.

미래를 바라보며

지구상에서 생물체의 역사를 보면 살아 있는 생물은 자기가 사는 환경을 변화시킨다는 사실을 알게 된다. 심지어 생물체 역사에서 아주 이른 시기에 나타난 미세한 남조류도 대기의 조성을 바꾸고 진화의 역사를 형성할 수 있었다. 생태계에는 변화가 없었던 적이 없었다. 생태계는 환경 변화, 돌연변이, 자연선택과 성선택에 따라 생물종이 변화하는 동적 평형 상태에서 살아간다. ▶▶

온실 효과란?

온실효과는 지구가 평균적으로 온화한 기온을 유지하도록 해 주는 중요한 자연 현상이다. 태양 광선은 대기를 통과해 지상에 도달하는데, 지상에서 일부는 흡수되고 일부는 반사된다. 대기 중에는 '온실 가스'가 있어서 반사된 태양 광선이 대기를 빠져 나가지 못하게 막고 다시 지상으로 반사되도록 하는데, 이렇게 다시 지상으로 반사된 태양 광선은 지구 환경의 기온을 따뜻하게 유지하는 데 도움이 된다. 하지만 온실 가스의 농도가 지나치게 증가하면서 이에 따라 지구의 기온도 올라가고 있다.

지식의 최전선

친환경 주택

많은 나라에서 건축가들이 이산화탄소 배출량과 이산화탄소가 환경에 미치는 영향을 줄일 수 있는 친환경 주택을 설계하고 있다. 즉 주택의 향, 창문, 바닥, 벽, 중공벽 등을 모두 겨울에 열 손실을 최소화하거나 여름에 시원한 환경을 제공하도록 설계하는 것이다. 건축 자재로는 대개 유독성이 있거나 생분해가 되지 않는 합성 소재(수지, 단열재, 페인트 등)보다 돌이나 나무, 짚, 진흙 같은 천연 재료를 선택한다. 또 태양 에너지를 이용해 난방과 전력을 공급하고, 하수 처리는 수중식물과 흙이나 자갈을 이용한 여과기를 이용해 해결한다.

마지막 주요 멸종

지질학적인 격변이나 우주 물질의 충돌로 인해 발생한 지난 다섯 차례에 걸친 대량 멸종 이후, 현재 인류는 기존의 멸종과는 차원이 다르고 훨씬 더 위험한 여섯 번째 멸종에 직면해 있다고 많은 생물학자들은 말한다. 과거의 멸종과 달리 이번 멸종은 몇십만 년 또는 몇백만 년이 아니라 단 몇백 년에 걸쳐 발생하고 있다. 게다가 이번 멸종의 원인은 다름 아닌 사람이다. 호모사피엔스는 사냥이나 오염, 환경 파괴 등을 통해 몇천 종(그 중 상당수는 아직 제대로 알려지지도 않은 종이다)을 멸종의 위기로 몰아넣고 있다.

하드로니케 펄비네이터
깔대기 모양으로 거미집을 치는 거미 군에 속하는 이 거미는 사냥에 능숙하고 강력한 독성을 지닌 거미다. 태즈메이니아에서 서식했는데 현재 몇 년째 보이지 않고 있다.

도도새
몸무게가 최대 20kg까지 나갔던 이 큰 새는 모리셔스의 여러 섬에 서식했는데 날지 못하는 새였다. 그래서 유럽의 선원들에게 쉬운 사냥감이 되어 고기 식품 대용으로 사용되었다. 개체수가 줄어들던 도도새는 서식하던 섬에 개들이 들어오면서(그 중 일부는 야생에서 들개가 됨) 완전히 절멸했다. 마지막으로 남아 있던 도도새는 17세기 말에 죽었다.

과학의 개척자와 과학 이야기

녹색 혁명, 성공인가 실패인가

녹색혁명은 1950년대 초에 시작되었다. 목적은 단위 경작지당 수확량이 훨씬 많은 옥수수나 쌀, 밀 등의 새로운 잡종을 만들어 전세계의 기아를 없애자는 것이었다. 1970년대 들어 그간의 성과를 평가한 결과 수확량은 확실히 증가했지만 기아 문제를 해결하는 데는 역부족이었다. 아프리카와 인도의 많은 지역에서는 식량 부족을 겪지 않는 사람은 여전히 소수에 그쳤고, 토양은 살충제와 화학 비료로 오염되었을 뿐더러 단일 품종의 개량된 변종을 대규모로 경작하는 바람에 생물의 다양성이 크게 축소된 것으로 드러났다.

지구의 역사

대규모의 대량 멸종도 생명의 역사에서는 빠뜨릴 수 없는 역할을 한다. 그로 인해 새로운 문(門)과 강(綱)과 종(種)이 발달하기 때문이다. 하지만 인류는 이제 이전과는 전혀 다른 방식으로 더 심각하게 대기를 변화시킬 수 있는 능력이 있다. 산업이 발달하면서 대기 중 이산화탄소의 비율이 큰 폭으로 증가했고, 온실효과를 악화시키는 여러 다른 가스도 크게 증가해 대기의 조성에 큰 변화가 생겼다. 그 결과 기후학자들에 의하면(진부는 아니지만), 앞으로 50년 후에는 지구의 평균 기온이 섭씨 몇 도 정도 증가할 것이라고 하는데, 그렇게 되면 지구에 거주하는 모든 생명체에 심각한 결과를 초래할지도 모른다. 남조류가 지구의 육지 대기를 오염시키는 데 몇천만 년이라는 기간이 걸린 반면, 인간의 경우에는 단 2백 년밖에 걸리지 않았다. 2백 년이라는 시간은 생태계가 진화적 적응을 통해 문제를 해결하기에는 너무나 짧은 기간이다.

또한 인간의 활동은 직간접적으로 수많은 동물종의 멸종을 초래했다. 사냥이나 무분별한 채집으로 멸종된 종도 있지만, 단순히 인간 활동의 부수적인 영향으로 사라진 종이 더 많다. ▶▶

5장 | 인간과 지구

지식의 최전선

채취용 보호 지역

생물의 다양성 파괴와 동식물의 멸종을 부르는 경제적 목적의 열대림 개발을 막기 위해 '채취용 보호 지역'이 실험적으로 남아메리카에 설치되었다. 현지 주민들은 숲을 파괴하지 않으면서 숲에서 채취할 수 있는 종류부터 시작해서 여러 가지 소득원을 창출하기 위해 노력하고 있다. 예를 들면 고무(파라고무나무의 줄기에 상처를 내어 얻음)나 견과, 야자나무의 열매와 기름, 공예품, 낚시, 환경 관광 등이 있다. 실험 결과 이 방식은 초기에 재정 지원이 있을 경우 상당한 효과를 거둘 수 있는 것으로 나타났다.

모아
타조의 일종으로 키는 1.5m 정도 된다. 뉴질랜드에서 서식했고 무분별한 사냥 때문에 몇백 년 전에 멸종했다.

하스트독수리
뉴질랜드산의 큰 독수리로 자신의 유일한 먹이였던 모아와 같은 시기에 멸종했다.

타일러신
태즈메이니아 늑대라고도 하는 이 동물은 오스트레일리아 산으로서는 가장 큰 육식 유대류였다. 인간의 사냥, 서식지의 파괴, 사람들이 오스트레일리아에 도입한 포식자 딩고와의 경쟁 등으로 인해 1936년에 멸종했다.

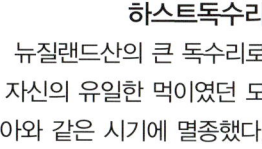

블랙핀 시스코
1960년까지만 해도 이 물고기가 미시간 호나 휴런 호에서 헤엄치고 있는 모습을 볼 수 있었다. 심해 시스코처럼 블랙핀 시스코도 매우 흔했고 일 년에 몇백만 톤이 잡혔다. 어업으로 인해 희귀종이 되었다가 칠성장어 같은 외래종이 들어오면서 절멸했다.

콰가얼룩말
부르첼얼룩말의 아종(亞種)으로 남아프리카에 살았다. 고기와 가죽이 쓰임새가 있었고 농부들이 해로운 동물이라고 생각해 몇백만 마리가 죽임을 당했다. 하지만 사실은 양이나 염소와 같은 지역에서 풀을 뜯어 먹는 온순한 동물이었다. 마지막으로 남은 한 마리가 1883년 암스테르담 동물원에서 죽었다.

119

다음 세대를 위한 지속적인 관리

전세계의 정부 당국이 21세기를 위해 중요하게 여겨야 할 지표는 바로 다음 세대를 위한 지속적인 관리이다. 이는 물이나 에너지, 숲, 그 외 지구의 자원을 이용해서 발전을 추구해 나가면서도 그와 동시에 미래의 세대가 대를 이어 가며 사용할 수 있도록 해당 자원을 남겨두는 것을 말한다. 이 목표를 이루기 위한 유일한 방법은 국제적 협의를 통해 소비만능주의와 부유한 나라의 자원 낭비에 제동을 거는 일이다.

지속적인 삼림 관리

어떻게 하면 삼림을 개발하면서도 삼림 파괴를 피할 수 있을까? 현재 실험 단계에 있는 한 가지 방법은 단위 면적당 적은 수의 나무를 선별적으로 벌목하는 것이다. 또 다른 방법은 한 구역의 나무를 전체적으로 다 베어내는 것이 아니라 좁고 길게 줄을 내며 벌목하는 것이다. 예컨대 내리막에 있는 나무들을 먼저 베어내면 그 위쪽에 있는 숲에서 나뭇잎과 유기 물질이 밑으로 흘러내리면서 토양을 비옥하게 하여 곧 새로운 식물이 나무를 베어낸 자리를 차지하게 된다.

지구의 역사

오스트레일리아나 뉴질랜드에서는 토끼나 염소 같은 동물이 들어오면서 새로운 종과의 경쟁에서 패배한 여러 종이 멸종하게 되었다. 새로운 종들은 걷잡을 수 없이 번식해서 환경에도 손상을 입혔다.

서식지의 변화나 파괴 때문에 사라지는 동식물 종도 있다. 열대림에서는 여러 동식물이 과학자들이 미처 연구해 볼 기회가 생기기도 전에 멸종하고 있고, 그것도 추정이 어려울 정도의 속도로 진행 중이다. 과거의 멸종이 몇천 년 또는 몇백만 년의 과정을 거쳐 일어났다면, 인간의 활동에 의한 멸종은 불과 몇십 년 사이에 일어나고 있다. 그래서 자연적인 진화로는 비어 있는 생태적 지위를 차지할 새로운 종이 생산될 시간이 부족하고, 그 결과 지구의 생태계는 붕괴될 위험에 처해 있다. 이런 이유로 많은 전문가들은 지속적인 발전을 촉진하기 위한 공동 전략을 개발하는 것이 세계 각국 정부의 우선적인 과제라고 본다. 이는 물, 에너지, 원료, 경작지, 숲 등 각종 자원을 미래의 세대에서도 계속 사용할 수 있도록 우리가 적절한 속도와 적절한 방법으로 사용하는 것을 말한다.

인류는 지금 전환점에 서 있다. 즉 지구에서 살아가는 방식과 환경을 변경하는 방식을 바꾸든가, 아니면 여섯 번째 대량 멸종으로 사라지든가의 갈림길에 서 있는 것이다. 이 여섯 번째 대량 멸종은 운석이나 화산 폭발에 의한 대참사, 전세계를 뒤흔드는 지진, 지구 지축 기울기의 변화에 의해서가 아니라 단순히, 그리고 공교롭게도 다름 아닌 인간의 활동에 의해서 발생하게 될 것이다. ▶▶

지식의 최전선

재활용과 재사용

지속적인 소비는 재활용만의 문제가 아니라 생산에 많은 에너지가 소요되거나 비분해성 원료로 만들어진 제품을 재사용하는 문제도 포함한다. 일부 최첨단 연구 분야에서는 이런 점을 염두에 두고 햇빛에 분해되는 포장재, 식물을 원료로 한 생분해 비닐봉투, 재사용이나 재활용을 하면 할수록 그 효율이 높아지는 제품 등을 개발하기 위해 많은 노력을 기울이고 있다.

산사태와 홍수

불행한 일이지만 최근 몇 해 동안 산사태와 홍수 소식이 많이 들려오고 있다. 이런 자연 재해는 사실 환경을 파괴한 결과가 극명하게 나타난 결과다. 삼림 파괴, 침식, 강의 수로 돌리기 등이 원인으로 꼽힌다.

과학의 개척자와 과학 이야기

이스터섬

칠레에서 멀리 떨어진 바다에 있는 이스터섬은 지속적인 발전의 중요성에 대해 살아 있는 경고를 해주고 있다. 고고학자들은 섬에서 발견된 거대한 바위 얼굴들을 만든 원주민의 역사를 재구성하는 데 성공했다. 그들은 원주민들이 섬을 뒤덮고 있던 야자나무를 다 베어냄으로써 스스로 멸망의 길을 갔다는 사실을 밝혀냈다. 가장 가까운 육지로부터 몇 천 km나 떨어져 고립되어 있던 이스터섬에서 무분별한 벌목으로 인해 나무와 동물이 사라지고 토양이 침식되자 원주민들은 기근과 식인 풍습, 부족 간의 전쟁 등에 의해 절멸하고 말았다.

색인
INDEX

DNA(디옥시리보핵산) 19,20,21,24,25,28,69,75
- 미토콘드리아 DNA 84
- 복제 28
- 이중 나선 구조 20,28
RNA (리보핵산) 19,20,21

ㄱ

가막살나무속 67
가뭄 42,116
가스(기체) 10,13,16,17,18,19,22,48,118
- 온실 가스 117
가젤 115
- 톰슨가젤 106
가지 66
가짓과 식물 66
각룡 57
간헐천 16
갈가마귀 99
갈라파고스 제도 110
갈리미무스 57
갈매기 96
갈탄 49
감자 66
- 감자의 재배 94
감탕나무 104
갑각류 36,95
갑주어 36,39
강 32,33,121
개 118
개구리 43,75,96,111
개미 67,94,102
개미핥기 76
거미 40,111,118
거미류 95
거북, 육지거북 50,53
거북류 53
검은담비 102
검치호랑이류 79
게무엔디나 40
견과 119
경쟁 53
고래 97,100,101

고릴라 81
고무 119
고생대 35,42,45,91
고양잇과 동물의 선조 78
곡룡 57
곤드와나 37,39,45
곤충 46,47,66,67,77,93,94,95,102,111
골격 구조 27,34,35,50
- 껍질 27,34
- 생물기원 광물형성작용 34
- 외골격 27
-- 이매패 36
곰 102
- 북극곰 101
공룡 48,52,56,58,60,61,62,64,65,67,70,72
- 극지 공룡 69
- 부모의 보살핌 58
- 육식 공룡 58,61,64,65
- 초식 공룡 64,65
- 화석층 60,61
공원 96
관개 시설 33
광물 12,34,38,58
- 결정 그리드 12
- 광물의 석화 13
- 광물의 순환 97
광비원류 85
광합성 19,22,24,25,96
구과식물 54,56,66,67,77,102
귀뚜라미 111
규산 69
균류 94,96
그린란드 12,101
극어류 40
극지방 94,98,99,100,101
극피동물 26,36,39,70,95
근육 34,37
금 8
금성 8
금속 21
금작화 66
기가노토사우루스 56,67
기드온 59
기생균 24
긴코원숭이('코주부원숭이' 항 참조)
깃털 57,62,70
- 깃털 화석 70,71
까마귀 99
껍질 37,39,69
- 알 껍질 50
꽃 66,67
- 가루받이 66

ㄴ

나그네쥐 102
나무늘보 111
나비 67,96
나우틸로이드 39
낙엽송 102
난자 51
난초 67,111
날개 63,71
남극 39,45,61,94,100,101
남양삼목 54
남조류 22,24,116,118
납 8,39
내진 공법 92
냄새, 후각 52,73,80
- 야콥슨 기관(보습코연골) 52
너도밤나무 105
네시 75
네안데르탈인 82,86
네펜데스 109
노빌레 움베르토 100
노토사우루스 62,63
농약 102,118
농업 90,91,92
- 집약 농업 113
농업 90,92
뇌 56,83
뇌조 102
누 106,115
뉴질랜드 58,119,120
늑대 102
- 태즈메이니아 늑대('타일러신' 항 참조)
늪지대 46,108
닐가이영양 115

ㄷ

다람쥐 102,103
- 하늘다람쥐 78
다세포성
- 다세포성의 생성('생물' 항목의 '다세포 생물' 항 참조)
다윈 찰스 67
다윈핀치 110
다이아몬드 12,13
다족류 95
단공류 ('포유류' 항 참조)
단백질 18,19,20,21,28
- 단백질 합성 20,21
단일 재배 96,118
단층 31,113
달팽이 111

담배 66
담비 102
당 20,22,76,96
대구 75
대기 37,48,94,96,97,103,114,116,117,118
- 원시 대기 9,14,17,18,22
대륙의 이동 30,48,61,68
대양
- 대서양 30,41
- 인도양 110
- 태평양 26,111
대지진 112
대홍수 84
댐 33
데본기 41,42
데이노니쿠스 56,65
도구, 원시 도구 86
도도새 118
도둑갈매기 100
도롱뇽 38
도마뱀 52,53,96,99,111
도마뱀붙이 96,99
도슨, 찰스 82
도시 90,92,93,94,96,99,111
독립영양생물 22
독수리 102,105,111
돌연변이 28,30,33,41,50,53,54,92,116
- 선택압력 92
동물의 왕국 27
동물학회(런던)
두개골 54,56,82
두꺼비 75,96
- 코스타리카 황금 두꺼비 45
둔클레오스테우스 40
둥지, 둥지 화석 58
드로메오사우루스 57
들소 115
들쥐 102
디기탈리스 66
디메트로돈 52
디아트리마 75
디오플로사우루스 57
디플로도쿠스 56,61,65
딕딕영양 115
딩고 119
딸기나무 105

ㄹ

라마피테쿠스 85
라비린토돈트 54
라코피톤 46
라플레시아 109
람포링쿠스 62,63
라호나비스 61
러시아
- 콜라 반도 11
레벤후크 안토니 반 22
로라시아 30,45
루시 81
루이 아가시즈 86
리보솜
리스트로사우루스 55
리아나 111
리카온 106,115
리키 가문 106
- 리처드 리키 106
- 루이 리키 106
- 메리 리키 81, 106
- 미브 리키 82, 106

ㅁ

마굴리스, 린 24
마그마 9,13,31
마다가스카르 60,61,80,83,95,110
마렐라 34
마스토돈 91
마이어스 노먼 95
마이오세 81
말 76,81
- 길들임 90
매끄럽고 얇은 막 104
매머드 91
맥 111
맨텔, 우드하우스
맨틀 10,11,12,30
맹그로브 108
머드스키퍼 45
먹이 사슬 100,102
먹이 피라미드 41,56,99
먼지 48
메가네우라 47
메갈로사우루스 60
메리 앤 59
메셀, 메셀의 생태계 76,77
메소사우루스 70
메소포타미아 84
메탄 14,18
멸종 41,47,48,53,61,67,78,91,93,102,118,119,120
- 공룡의 멸종 68,72,83
- 대량 멸종 55,118,119
명왕성 8
모기 77,111
모래언덕 107

- 모래언덕의 침식 105
모리셔스 제도 118
모스콥스 55
모아 99,119
목련 67
목성 8
무기염 102
무연탄 49
무척추동물 40,42,47,70,96,107,108,114
무플런 104
문(門) 32,118
물 18,22,25,34,96,103
- 물의 순환 97
물질대사 34
미국항공우주국(NASA) 115
미생물 21,93,94,97,100,101,102,105,114
미생물학, 미생물학의 탄생 22
미시환경, 인공 미시환경 94
미행성체 10
밀러 스탠리 18

ㅂ

바늘두더지 72,73,74,101
바다거북 53,96
바다나리 36
바다조름 26
바다표범 100,101
바라과나티아 37
바이러스 25
바퀴벌레 94
바흐오펜 요한 야코프 91
박새 99
박쥐 62,74,76,77
박테리아 21,22,23,24,48,96
- 막 23
- 박테리아의 분해 48
- 병원균 101
- 복제 23
- 유전체 23
반경, 지구의 반경 11
반전, 남극과 북극의 반전 10
반추동물 78
발달
- 산업의 발달 118
방사 13,28
- 자외선 방사 37,40
방사성 동위원소 39
방사충 69
방해석 12
배기가스 103
배추 42
백악기 61,66,67,68,69,70,71,72,74

뱀 50,52,53,67,96,81
버드나무 67
버클랜드 윌리엄 60
벌 67,94
범고래 100
범의귀 67
베게너 알프레드 30
벨로키랍토르 65
변이
– 개체변이 29
– 유전변이 28,33
볼복스 26
부모의 보살핌 77
북극 73,94,100,101
북극 버드나무 101
북극제비갈매기 71
분자, 유기 분자 18,19,20
분해
분해자 38,76,96,114
불가사리 36
브라질 95,107
브라키오사우루스 61
브론토테리움 79
브롬엘리아드 111
비너스, 구석기의 비너스 91
비늘 50
비단뱀 76
비둘기 71,99
비버 94
비스톤 베툴라리아 29
빙결 ('빙하 시대' 참조)
빙하 32,87,116
– 빙퇴석 87
빙하 시대 45,78,84,86,88
– 오르도비스기 39
– 뷔름 86,89

ㅅ

사냥 90,115,118,119
사막 47,73,94,98,99,115
사막화 115
사바나 85,98,99,106,107
사우로포드류 57,65,67
사우리안 50
사자 86,106
사향소 102
산
–질산 103
–황산 103
산 94,98,99
산맥 32,40,67,75
– 해저 산맥 110

산사태 121
산성비 103
산소 14,17,18,22,24,25,37,39,42,51,87
산자고새 102
산족제비 102
산호 26,36,95
산호 폴립 94
산호초 94
산화 22
삼림파괴 111,113,121
–불법 삼림파괴 115
삼엽충 35,36,37,48
상어 41
– 고대 상어 54
새끼를 낳음 56
생물 (유기체)
– 다세포 생물 26,30,33
– 광합성 생물 39
– 원시 생물 14,16,17
– 생물의 복제 20
생물군계 98,99,101,105,115
생물권 94
생물권2 98
생물의 다양성 93,94,95,102,105,108,114,118,119
생물학적 통로 111
생식(번식, 증식) 28,30,40,42,75
– 무성 생식 33
– 유성 생식 28,30,33
생식체 30
– 난자 33
– 수정 33
– 정자 33
생쥐 96
생태 천이 114
생태계 53,56,98,105,106,107,108,111,113,114,120
– 인공 생태계 96
생태적 지위 53,54,58,68,72,74,75,98,99,102,107,115,120
서식지 53,95,102,105,109,119
석송 46
석유 23,48,92,103
– 유전 48
– 유정 94
석탄기 30,42,46,47,48,50
석회암 70
선(腺)
– 땀샘 56
– 유선(乳腺) 56,58
선구종 114
선인장 116

선충류 95
선택
– 성선택 116
– 인위선택 92
– 자연선택 28,29,41,50,54,92,116
설치류 78,99,102,111
섬 110,111
섭입 31
성 33
성게 26,36,54
성운, 원시 성운 8,9,10
세쿼이아 54,66
세포 19,21,24
– 미토콘드리아 24,25,84
– 세포질 25
– 세포핵 25
– 세포호흡 24,25
– 염색체 25
– 원시 세포 18,19,20,21,26
– 원핵세포 24
– 진핵세포 24,25
소나무 54,102
소재
– 생분해 소재 117,121
– 합성 소재 117
소철류 56,66
소화 19,96
속새 55
속씨식물 62,66,67
송골매 99
쇼이히처, 요한 38
수궁류 54,55,56,58
수도모나스 23
수련 77
수로 33
수룡류 57
수마트라 코뿔소 108
수분의 증발 104
수소 8,10,18,21
수은 8
수장룡 (플레시오사우루스) 63,70
수정 12
수평적인 유전자 전달 25
순록 102
숲(삼림) 42,46,47,49,67,80,81,84,94,103,107,114,120
– 구과식물 102
– 망그로브 108
– 북부의 산림지대('타이가' 항 참조)
– 삼림비 94,107,111,113
– 선별적 벌목 120
– 아마존의 삼림('아마존' 항 참조)

- 야자나무 121
- 열대림 76,78,99,107,108,109,120
- 온대림 98,99,105
- 이차림 114
- 인도네시아의 삼림 114
- 화석화된 숲 43

스반테 아레니우스 116
스카글리아 로사 68
스콧, 로버트 100
스테고사우루스 57,67
스테노딕티아 46
스테타칸투스 41
스트로마톨라이트 22
스페노돈 53
스프리기나 27
스피로헤타 24
스필버그 스티븐 69
시베리아 97,103
- 퉁구스카 숲 103

시조새 62,70
식물 37,39,42,43,58,67,96,104
- 겉씨식물 43,79
- 리니오피테스 43
- 속씨식물 43
- 식물의 이동 105
- 식충식물 109
- 초본식물 96
- 프실로피테스 43

식물플랑크톤 97
신비동물학 75
신생대 70,75,79
신석기 86,91
신천옹 100
실루리아기 36,37,39,40
심해 94,110
쌍안시 73
쐐기풀 96
쓰레기 더미 96
씨 75,78,102

ㅇ

아노말로카리스 34
아르디피테쿠스 라미두스 85
아르카루아 아다미 26
아르케오프테리스 43
아르트로플레우라 아르마타 46
아리스토텔레스 104
아마존 감시 시스템(SIVAM) 115
아메리카 30,83
- 남아메리카 39,45,59,61,75,85,107,119
-- 아르헨티나 107,115
-- 아마존 43,114,115

-- 칠레 107
-- 파라과이 115
- 파타고니아 60
- 북아메리카 40,45,61,75,83,88,102,115
-- 알래스카 97
-- 애팔래치아 산맥 45
-- 애리조나 98
-- 캘리포니아 41,107,112
--- 로스앤젤레스 112
-- 캐나다 45,82
-- 버지스 셰일 35
-- 콜로라도 60
-- 휴런 호 119
-- 미시간 호 118
-- 뉴욕 82,88
--- 롱아일랜드 82
-- 퍼거토리힐 83
-- 로키 산맥 69
-- 산안드레아스 단층
-- 셰일 35
-- 시에라네바다 산맥 69
-- 미국 35,43,45,85,102

아메바 23
아문센 로알 100
아미노산 18,19,21
아시아 13,30,32,43,45,78,83,88,90,102
- 몽골 90
- 고비 사막 60
- 방글라데시 108
- 보르네오 95
- 스리랑카 108
- 인도 30,32,39,45,61,108,115,118
-- 구자라트 113
- 인도네시아 17
-- 탐보라 화산 17
- 중국 57,67,107
- 탕산 113
- 히말라야 산맥 75
-- 히말라야 산맥의 형성 32

아이슬란드 110
아이티 108
아파토사우루스 61,65
아프리카 39,41,45,61,75,81,83,84,85,99,107,110,115,118,119
- 빅토리아 호수 81
- 사하라 사막 101
- 이디오피아 81
-- 하다르 81
- 케냐 106
- 케이프 주 107
- 탄자니아 106
-- 투르카나 호수 82

-- 탕가니카 호수 32
-- 라에톨리 106
-- 올두바이 106

악어 50,53,58,59,61
안경원숭이 83
알 56,58,59,74,75,78
알로사우루스 61
알바레즈 월터 68
암모니아 16,18
암석 10,11,12,13,17,24
- 남아프리카의 암석 22
- 변성암 12,13,35
- 사암 61
- 석회암 61,87
- 시베리아의 암석 27
- 암석 균열 113
- 암석의 순환 12
- 암석의 연대측정 37
- 암석의 태위 39
- 오스트레일리아의 암석 22
- 점토 61
- 퇴적암 12,13,61
- 화성암 12
-- 관입암 12
-- 화산암 12

암석권 10,11,16,30,32
애벌레 96
야노마미족 114
야생 고양이 105
야자 77
야자유 119
양귀비과 66
양막난 50
양서류 37,42,46,47,51,54,61,72,93,95,96,111
양치류 42,46,56,66,105,111
- 나무에 붙어 사는 양치류 46
어룡 61,62,63,70
어류 34,37,39,40,42,46,47,51,62,72,95,97,100,102
- 경골어 54
- 극어류 40,41
- 어류의 화석 37
- 연골어 40
- 현대 어류 36

어치 102
언어 82
얼룩말 106,119
에너지
- 대체 에너지 49
- 전기 에너지 117
- 태양 에너지 117

에오랍토르 61

에오세 75,78,81,85
에이프 83,85
- 고등 유인원 81
- 남아메리카 원숭이 85,108
- 사람을 닮은 에이프 83
- 아시아 원숭이 108
- 아프리카 원숭이 108
- 오스트랄로피테신 85, 86
- 협비원류 85
엔텔로돈트 78
엘크 102
여우 99
- 북극여우 102
여우원숭이 80,83
연못 96
연약권 10,11,30
연어 103
연체동물 36,37,54,70,95
- 이매패 연체동물 67
열점 31,111
염소 120
염화나트륨 12
엽록소 22,25
엽록체 24,25
영장류 76,80,81,85
- 선조 영장류 83
예티 75
옛도마뱀목 58
오랑우탄 81,83,109
오르도비스기 36,37,39,40,48
오리너구리 72,73,74
오스트랄로피테쿠스 아파렌시스 81
오스트레일리아 39,41,43,45,73,74
- 에디아카라 동물군 26,27
- 에디아카라 힐즈 26
오스트레일리아 호저 74
오염 22,96,116,118
오웬, 리차드 60
오존 18,24,37
오존층 24,40
오크나무 104,105
오토이아 35
오파린 알렉산더 18
오파비니아 35
온실 효과 114,116,117,118
온혈 동물 54,56
올리고세 78,79,81,85
올빼미 99,102
- 흰올빼미 102
왓슨 제임스 20
외계생명체 유입설 19
용반목 57

용암 14,15,16
우라늄 13,39
운석 8,13,14,17,19,68,70,103,120
웅덩이 102
원생대 26
원생 동물 22,23
원숭이 111
원시 행성 10
웜뱃 72
위석 61
위성 94,115
- 미국해양대기관리처(NOAA) 115
- 위성을 통한 감시 115
윌킨스, 모리스 20
유공충 69,70
유럽 30,40,45,78,82,83,86,88,97,102
- 독일 70
- 네안데르 86
- 프랑크푸르트 76
- 스코틀랜드 40
- 아일랜드 94
- 알프스 산맥 69,75,88
- 영국 17,82
- 도버의 절벽 69
- 이탈리아
- 두나로바 43
- 아풀리아 60
- 프리울리 - 베네치아 줄리아 60
- 포르투갈
- 리스본 113
- 필트다운 82
유스테놉테론 44
유양막류 53
유전 공학 69
유전 암호 21
유전자 19,20,21,75
유전체 21,28,29
육식동물 54,56,76,78
육치류 78
은행잎 67
이구아나 59
이구아노돈 56,57,59
이끼 96,102,105,111
이빨 42,54,56
이산화물
- 이산화탄소 22,24,25,51,96,97,114,116,117,118
- 이산화황 103
이산화질소 10
이스터섬 121
이족보행 85
이주 116
- 호모 사피엔스의 이주 91

익룡 62,70
익수룡 63
익티오스테가 44
인간 유전체 프로젝트 21
인공 분지 3
인구 과잉 91
인드리스 80
인드리코테리움 79
인산 20
인충(비늘이 있는 동물) 53
일본 67

ㅈ

자기장, 지구 자기장 71
자외선 18,21
자이언트 나무늘보 91
자작나무 105
자포동물 95
잠자리 47,77
잣까마귀 102
재규어 111
재칼 115
재활용 121
적도 45,102, 107
적응 수렴 99
전갈 40,47
- 반수생 전갈 36
전나무 102
- 미송 102
절지동물 27,34,46,47
- 육식성 육상 절지동물 40
점토 68
정자(동물의) 51
정자(식물의) 42
정착, 영구 정착 90
젖 72,83
젖먹이 새끼 74
제비 99
조류 37,50,57,67,70,71,74,78
- 맹금류 93,99,102,107
- 육식 새 61
- 이빨이 나있는 새 67,71
- 철새 71,93
조류(藻類) 36,69
- 단세포 조류(藻類) 26,69
조반목
조치류 58
종류 40
종속영양생물 22
종의 분류 104
종의 진화 24,28,30,58,60,62,70,75,83,90,92,98,99,110,116,120

- 단속평형설 29
- 점진적 진화설 29

주머니개미핥기 73
중동 84
중력의 힘 13
중생대 41,47,48,50,53,54,56,58,60,61,62,66,68,73
쥐 96
쥐라기 56,61,62,67
쥐라기 공원 69
지각 9,10,11,13,14,30,32,38
지구의 핵 10,11,13
지느러미 42
지렁이 105
지의류 93,96,102
지중해 104,107
- 지중해 동물군 104
지중해 지역 98,99,104,105
지중해성 관목 및 삼림지대 105,107
지진 10,42,44,67,92,110,112,113,120
- 진앙 112
- 진원 112
지진의 크기
- 리히터 규모 113
- 메르칼리 진도 113
지진파 10,112
질소 39
질소 염기 20,21,28
찌르레기 99

ㅊ

차크라바티 아난다 23
참새 99
채취용 보호지역 119
처트층 69
척색 34,37
척색동물 95
척추 34,37
척추동물 34,36,37,40,42,44,47,50,54,55,108
천산갑 76
천왕성 8
철 10,13
청개구리 96,111
청어 101
체온 조절 56,73
체크, 톰 19
초록도마뱀 96
초시류 47,104,111
초식동물 40,55,56,61,76,78,79,81,111,115
초원 78,79,81,94,98,99,106,107,115
- 초원의 사막화 107
초파리 21

축, 지구의 축 120
치타 106,115
친환경 주택
칠성장어 119
침팬지 81,83

ㅋ

카나디아 35
카니아 26
카리브 해 95
카야포 족 114
캄브리아기 33,34,35,37,78
캥거루 72,75
케냔트로푸스 플라티옵스 82
케레시오사우루스 63
케팔라스피스 36
코끼리바다표범 100
코레고누스
- 코레고누스 니그리피니스(블랙핀 시스코) 119
- 코레고누스 조하나에(심해 시스코) 119
코르크 104
코아세르베이트 18
코알라 72
코요테 115
코주부 원숭이 108
코콜리스 69
콜라겐 27
콩, 콩의 재배지 107
콰가얼룩말 119
쿡소니아 37
퀴비에 조르주 59
크로포트킨 표트르 99
크릭 프란시스 19,20
큰도마뱀 58
큰부리새 111
큰코뿔새 109
클라도셀라케 41
클리마티우스 40
키노그나투스 54
키노돈트류 56,61,74
키카데오이드 66

ㅌ

타이 108
타이가 98,99,102,105
타일러신 119
타조 99
탄소 12,13,18,39,49,96
- 탄소의 순환 96
탈수 40,42
태반 72
태반류 67,74,75

태아 75
태양 8,10,22,40
태양계 8,9,13,14
태즈메이니아 41,118
탯줄 72
턱 37,40,41,42,54,55
테티스해 45
토끼 102,120
토마토 66
토성 8
토양 침식 107,121
토탄 49,97
토탄지 97
툰드라 98,99,101
트라이아스기 55,56,58,61,74
트리브라키디움 27
트리케라톱스 56,57,67
티라노사우루스 61
티라노사우루스 렉스 57,67

ㅍ

파라고무나무 119
파란트로푸스 보세이 82
파리 54,67,111
파충류 32,42,47,50,51,52,53,54,55,59,62,63,69,70,72,74,93,95,96,111
- 초식성 파충류 59
- 포유류형 파충류('수궁류' 항 참조)
- 해양 파충류 61
판 30,31,32
- 지각판 112
- 지각판의 운동 82,112
판게아 30,45,47,54
판구조론 30
판피어 42
팔레오세 68
페름기 45,47,48,54,55,58,67
- 페름기의 멸종 48,55
펠리코사우르스 52
펭귄 100
편마암 13
편형동물 95
폐 51
페어 42
포도당 22,24
포름알데히드
포식자 21,28,30,34,36,37,40,41,54,57,58,64,65,75,76,78,79,86,99,111,114,115
포유류 37,50,54,56,58,67,70,72,74,75,78,84,95,100,101,102
- 단공류 73,74,75
- 미국 포유류 91

- 유대류 72,73,74,75
- 원시 포유류 72
- 적응 방산 74
- 태반 포유류 73

포플러 67
표범 115
푸르가토리우스 80,83
풀 96
풀러린 12
풍력 터빈 49
프랭클린, 로잘린드 20
프로바이노그나투스 56
프로시미안 83
프로콘술 아프리카누스 81
프로콤프소그나투스 56
플라네테리움 78
플라코돈트 62,63
플라타너스 67
플랑크톤 69,100
피레네산맥 75
피카이아 34,37
피쿠스속 식물 67
- 푸밀라고무나무 111

필리핀 95,108
필석류 39

ㅎ

하수 96
하스트독수리 119
하와이 111
하이에나 106,115
하이에노돈 78
할루키게니아 35
해령 31,112
해마 101
해면 36,69
해면동물 95
해양 32,34,37,39,40,47,48,61,99
- 원시 해양 9,14,17,26,33,36,37

해왕성 8
해저, 원시 해저 36
해파리 26,36,95
핵 융합 10
핵산 ('DNA' 항과 'RNA' 항 참조)
헤노두스 63
헤미시클라스피스 36
헤스페로니스 71
헬륨 8,10
혁명
- 기술 혁명 90
- 녹색 혁명 118
- 산업 혁명 90

협동 99
- 사회적 협동 90

형성
혜성 8,19
호도애 99
호랑이 111
- 보르네오 호랑이 108

호모
- 호모 루돌펜시스 82
- 호모 사피엔스 82,83,84,85,86,88,89,90,92,118
— 계통수 85
— 사냥 전략 88,89
- 호모 에렉투스 84,86
- 호모 에르가스터 82
- 호모 하빌리스 82,86

호모 딜루비이 테스티스 38
호미니드 81,82,86
- 진화계통수 82,83

호수 14,32,33,77
호일, 프레드 19
호저 101
호흡 19,42,51,96
홀데인 존 18
홀로세 92
홍수 108,121
화강암 12
화산 14,15,16,17,48
- 마그마 체임버 16
- 분류성 화산 16
- 용암류 110
- 지진 활동 17
- 측면 화도 16
- 폭발성 화산 16,17
- 화도 16
- 화산 구조 16
- 화산 폭발 16,17,44

화산 폭발 42,67,110,120
- 해저의 화산 폭발 110,111

화석 38,39,56,63,65,69,70,74,76,77,83,85
화석 연료 49
화석 탄소 45,48,49,97,103
화석화 38
화성 8
화재 94,114,116
- 산불 115
- 화전 115

화학 비료 118
환경 관광 119
환초 110
환형동물 27,95
황 21
회색다람쥐 93

효소 19,20
흑연 12
흑해 84
흰개미 94
흰털발제비 99
히보두스 41
힙실로포돈 57